JN340015

건축 투시도법

동방디자인교재개발원 저

머리글

"건축 스케치와 투시도는 시각언어이다"

이 책은 대학의 건축(공)학과 투시도 교재용으로 집필하였으며 투시도를 처음 대하는 학생들에게 가장 알기 쉽도록 기술하였다. 투시도 학과목은 표현기법 과목중 하나이나 투시도를 많이 접해봐야 하는 가장 큰 이유는 투시도를 통해서 공간을 연상하며 입체감(공간감)을 느낄 수 있기 때문이다.

어떤 이는 투시도를 하나의 기능으로써 간주하나 이것은 작도법과 채색 자체만을 생각할 때 그렇게 생각할지 모르나(사실 필자는 그렇게 생각하지 않는다. 채색을 통하여 색의 감각을 익히며, 배색과 색의 조화를 체험할 수 있기 때문이다) 투시도는 기능 이전에 디자인 능력을 길러주고 자신의 아이디어를 정리할 수 있는 과정이며 건축주를 이해시킬 수 있는 언어로서의 역할을 가지고 있다. 그래서 투시도 학과목은 표현기법 과목중 중요한 과목인 것이다.

이 책의 구성을 보면 제1편은 이론편으로 투시도의 원리와 도법을 자세하게 기술하였고, 제 2편은 실습편으로 투시도에 대한 기본적인 실습과 간략도법, 응용실습을 통하여 투시도를 완전히 이해할 수 있도록 하였다. 제 3편 자료편에는 참고자료를 실었다. 초보자라도 이 책을 통하여 투시도법을 완전히 이해할 수 있을 것이라 확신하며, 이 책이 투시도를 공부함에 있어 도움이 된다면 많은 보람을 느낀다.

2002. 9. 1

건축사

차 례

머리글
차례

I. 이론편 · · · · · · · · · · · 7
[1] 투시도의 정의 · · · · · · · · 9
[2] 투시도의 원리 · · · · · · · · 10
[3] 투시도 용어 · · · · · · · · 11
[4] 투시도의 종류 · · · · · · · · 12
[5] 투시도법의 기본사항 · · · · · · 13
[6] 투시도의 원근법 · · · · · · · 14
[7] 투시도의 기본도법 · · · · · · · 15
   1. 1소점 기본도법 · · · · · · · 15
   2. 2소점 기본도법 · · · · · · · 19
   3. 1소점 기본도법(평행 45°법) · · 23
   4. 2소점 기본도법(측점법) · · · · 27
   5. 3소점 기본도법(측점법) · · · · 30
[8] 원의 투시도 · · · · · · · · 34
[9] 타원, 원주, 원추, 구의투시도 · · 35
[10] 음영의 투시도법 · · · · · · · 36
[11] 경영의 도법 · · · · · · · · 38
[12] 투시도 응용도법 · · · · · · · 40
   1. 실내 1소점법(평행 45°법) · · · 40
   2. 실내 2소점법 · · · · · · · 45
   3. 실내 2소점법(측점법) · · · · 50
   4. 외부 2소점법(측점법) · · · · 56
   5. 부감도-1(축소법) · · · · · · 60
   6. 부감도-2(확대법) · · · · · · 63
[13] 투상도법 · · · · · · · · · 66
   1. 엑소노메트릭 · · · · · · · 66
   2. 아이소메트릭 · · · · · · · 69
[14] 외부 조감도 · · · · · · · · 72
[15] 등분법 · · · · · · · · · · 76
   1. 4등분법 · · · · · · · · · 76
   2. 9등분법 · · · · · · · · · 77
   3. 16등분법 · · · · · · · · 78
   4. 25등분법 · · · · · · · · 79
[16] 점경 · · · · · · · · · · · 80
   1. 가구 · · · · · · · · · · 80
   2. 인물 · · · · · · · · · · 84
   3. 자동차 · · · · · · · · · 88
   4. 수목 · · · · · · · · · · 92
   5. 조명기구 · · · · · · · · · 94
   6. 소품, 악세서리, 기타 · · · · · 96
   7. 외부 시설물 · · · · · · · · 98

II. 실습편 · · · · · · · · · · 99
[1] 투시도의 변화 · · · · · · · · 101
   1. 입점(S.P))의 원근에 따른 변화 · · 101
   2. 물체의 각도에 따른 변화 · · · · 102
   3. 화면 위치에 따른 변화 · · · · 104
   4. 눈높이(H.L)에 따른 변화 · · · · 105
[2] 투시도법의 기본실습 · · · · · · 107
[3] 간략도법 작도순서 · · · · · · · 110
[4] 간략도법 응용 · · · · · · · · 114
[5] 응용실습 · · · · · · · · · · 119
[6] 외부투시도 · 조감도 · · · · · · 131

III. 자료편 · · · · · · · · · · 143

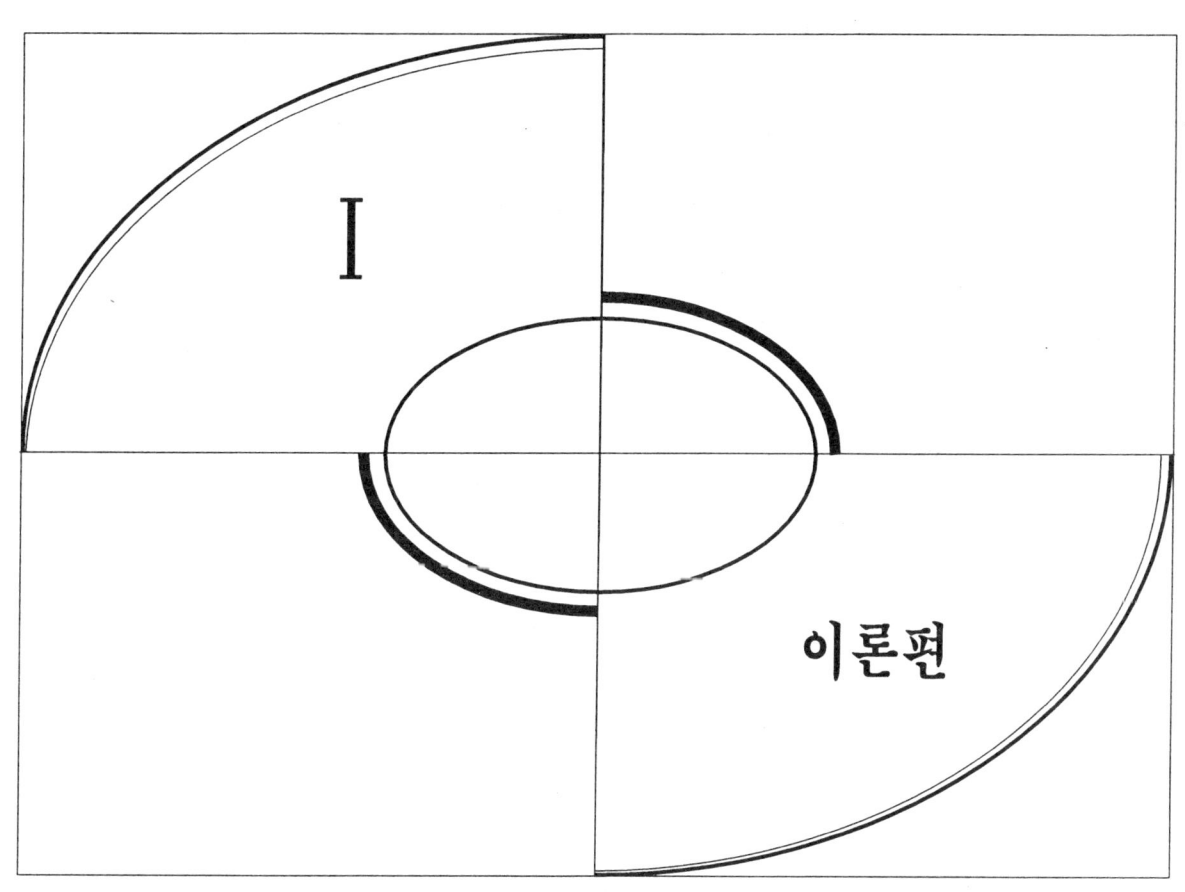

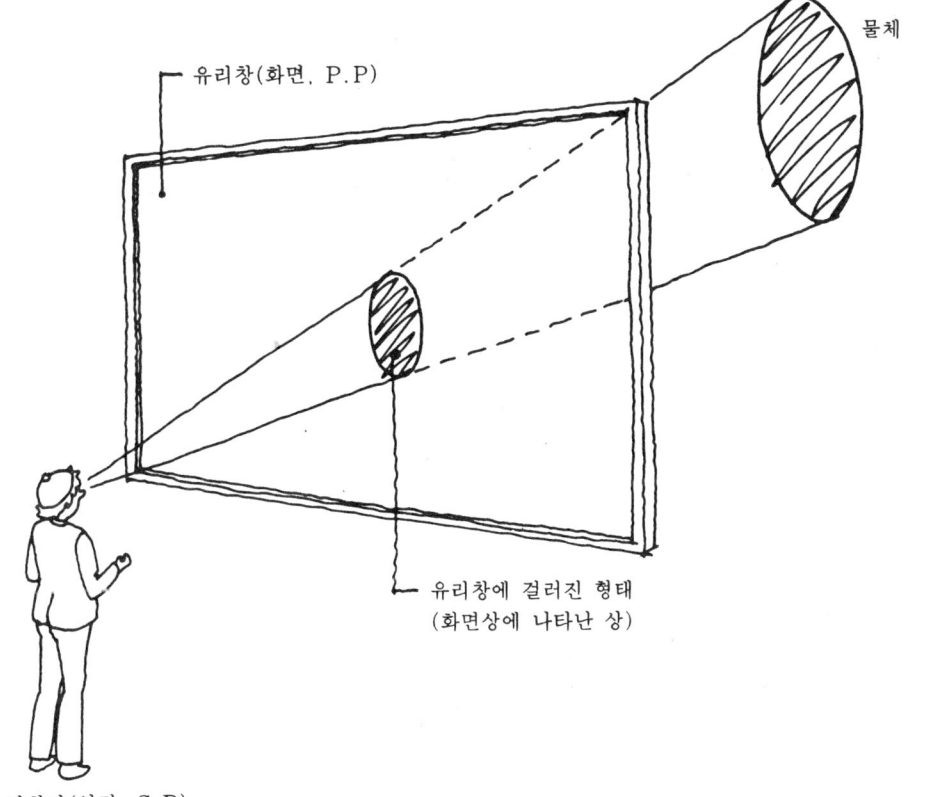

[1] 투시도의 정의(定義)

투시도란 입체물(3차원)을 평면상(2차원)에 입체적(3차원적)으로 표현한 그림을 말한다. 그 표현방법을 투시도법이라 하며, 도법상의 기준은 화면(P.P)상에 나타난 상(像)을 기준으로 한다.

옆의 그림을 보자. 지면상에 물체가 있고 관찰자(S.P)와의 사이에 커다란 유리창이 있다고 가정해보면, 관찰자가 물체를 볼때 물체의 상이 유리창을 통해서 관찰자의 눈으로 들어가는데 유리창을 통과할 때 유리창에 걸러지는 형태를 그림과 같이 형태화 시킬 수 있겠다. 이 때 이 형태가 화면에 나타난 상이다. 이 상을 표현한 그림이 투시도이다.

투시도를 퍼스펙티브(Perspective)라고도 하며, 퍼스(Pers.)라고 줄여서도 말한다.

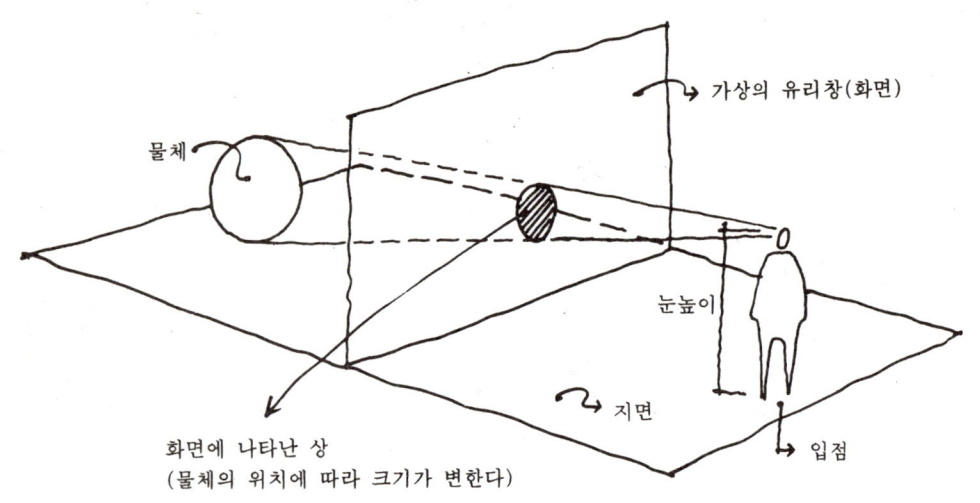

화면에 나타난 상
(물체의 위치에 따라 크기가 변한다)

[2] 투시도의 원리(原理)

옆의 그림에서 볼 때 관찰자의 위치(S.P)는 고정시키고 물체를 움직여 보면 물체가 화면(P.P)에서 멀어질 수록 화면상의 상(像)은 작아지고 화면에 가까이 갈 수록 상이 커짐을 알 수 있다. 이것을 다음의 3가지로 정리해보면

① 물체가 화면보다 멀리 있으면 화면의 상은 작게 나타나고
② 물체가 화면에 접하게 되면 물체와 상은 크기가 같게 되고
③ 물체가 화면과 관찰자 사이에 있게 되면 상은 크게 나타난다.
이와 같은 현상은 원근 거리감에 따라 평행선은 하나의 점에 반드시 결집되기 때문이다. 이 점을 소점, 소실점이라 하며 V.P(Vanishing Point)라고도 한다. 철로나 직선의 도로가 멀리 한점에 만나 보이는 곳이 바로 이 소점이다.

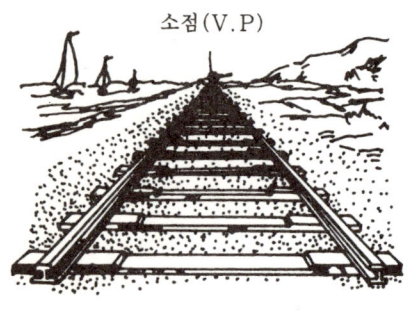

▲ 철로

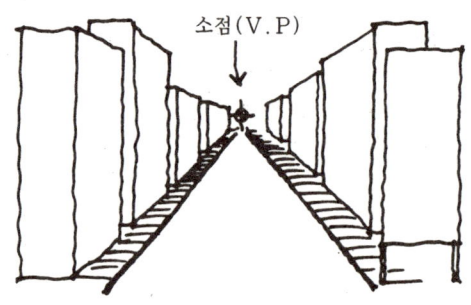

▲ 직선도로

투시도의 원리

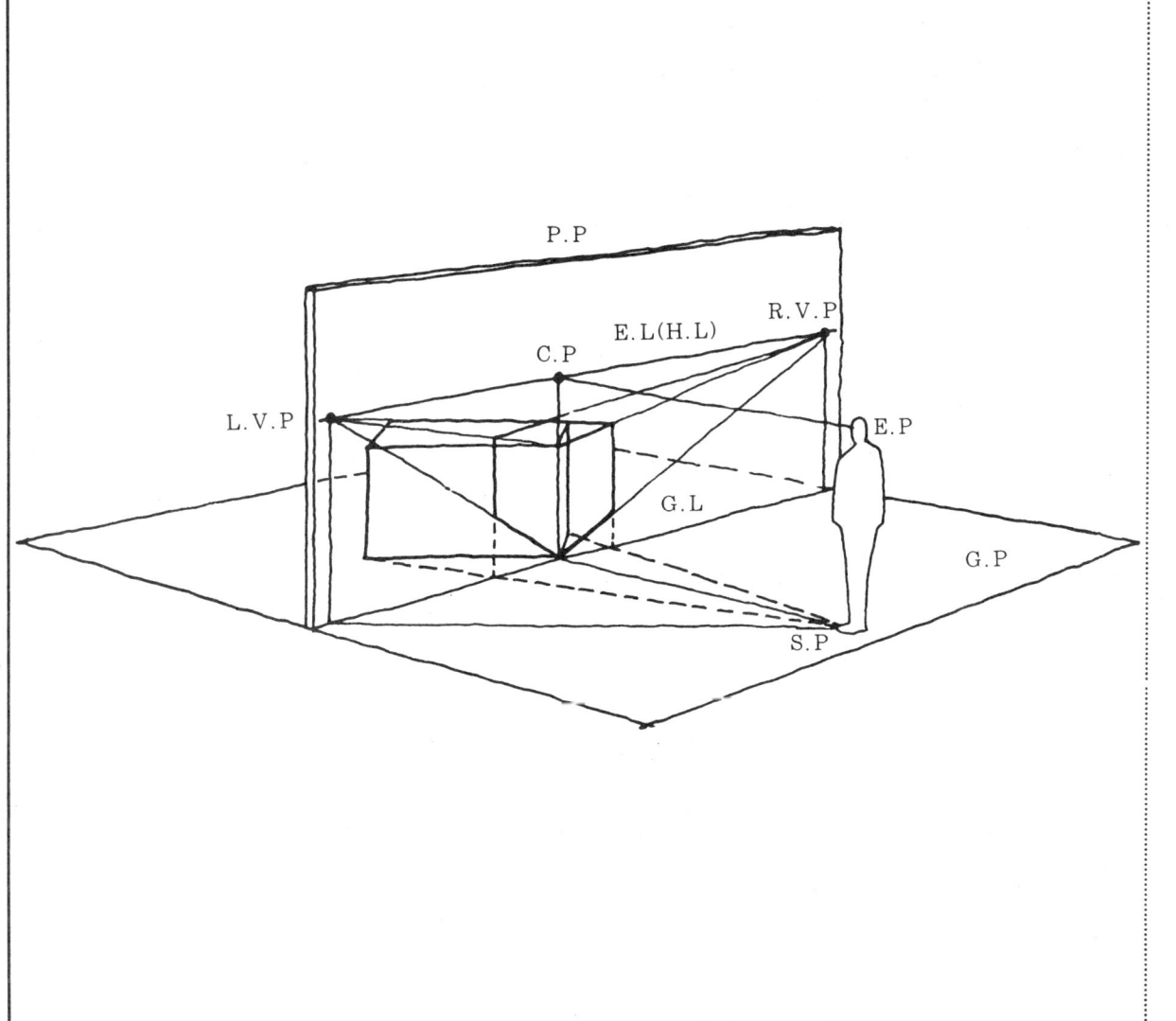

[3] 투시도 용어(用語)

E.P(Eye Point)시점-대상물을 보는 사람의 눈 위치

G.P(Ground Plane)기면-대상물이 주어지고 보는 사람이 서 있는 면

P.P(Picture Plane)화면-대상물과 관찰자 사이에 놓여져 있는 수직면

H.L(Horizontal Line)수평선-화면에 대한 시점 높이와 같은 수평선. E.L(Eye Level)이라고도 한다.

G.L(Ground Line)기선-기면과 화면이 접하는 선

S.P(Standing Point)입점-관찰자의 위치

V.P(Vanishing Point)소점, 소실점-평행선은 화면상에서 한점에 모이게 된다. 이 점을 소점이라 한다.

M.P(Measuring Point)측점-화면에 대하여 각도를 갖는 직선의 소점에서 시점과의 같은거리의 수평선상에 잰점

M.L(Measuring Line)측선-높이값을 측량하기 위한 선

C.P(Central Point)심점-시점을 화면에 투영한 점. 평행 투시도에서는 이 점이 소점이 된다.

D.P(Distance Point)거리점-수평선상에 시중심에서 시점거리와 같은 길이를 잰점.

F.L(Foot Line)족선-입점과 대상물이 주어져 있는 기면상의 각점을 이어준 선

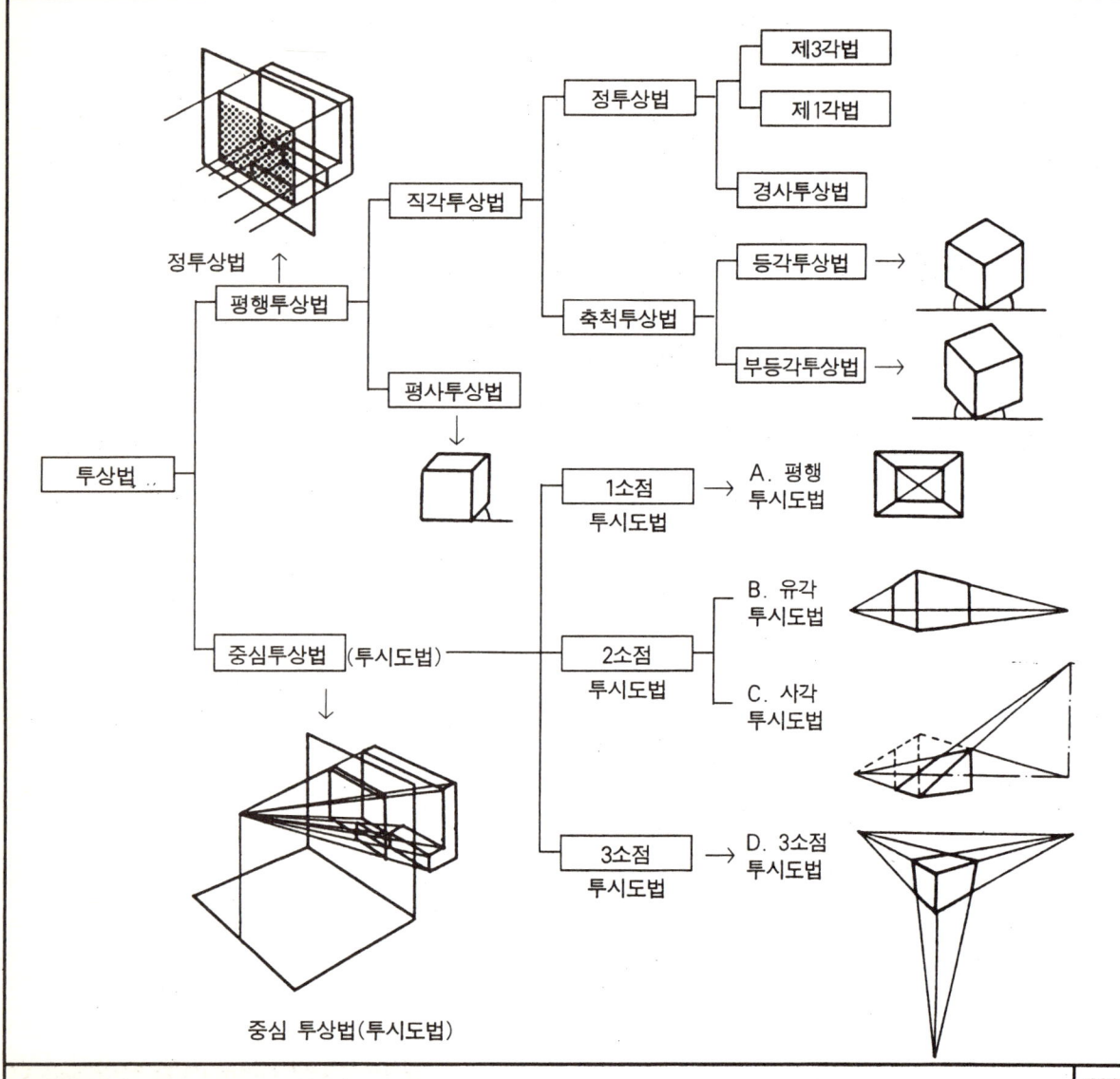

[4] 투시도의 종류
대상물의 위치에 따라 아래와 같이 분류한다.
① 평행투시(平行透視):물체의 1면이 화면에 평행한 경우로 1소점 투시라고 한다.
② 유각투시(有角透視):화면에 대하여 각을 가지고 있는 경우로 2소점 투시라 한다.
③ 사각투시(斜角透視):화면과 지점에 대하여 물체가 각을 가지고 있는 경우로 3소점 투시라 한다.

〔5〕투시도법의 기본사항

① 투시도법으로는 직각인 물체만 그릴 수 있다.
　도법에 의하여 투시도를 그릴 때 대상물체는 입방체나 직사각형이어야 한다. 다시말해서 물체의 각부분 각은 직각이어야 한다. 삼각형이나 삼각기둥, 원이나 원기둥은 사각형이나 사각기둥을 도법상 추출한 다음에 형태화 시킨다.

② 화각(Angle of View)
　안정적인 투시도를 그리려면 화각이 60° 이내여야 하며, 30°~45°의 범위가 가장 적당하고 45°~60° 범위는 주위배경으로 처리하는 것이 일반적이다. 화각이 60°를 벗어나면 대상물이 왜곡되게 나타난다. 높이가 높은 건축물은 입면상의 화각도 고려해야 한다.

③ S.P(입점)의 위치는 화각에 의해 결정되며 투시도 형태를 좌우하는 가장 중요한 요소이다.

▲ 화각 60° 이내 설정

▲ 입방체에 대한 S.P와의 관계
(같은 소점에서도 시점의 위치에 따라 변한다)

투시도법의 기본사항

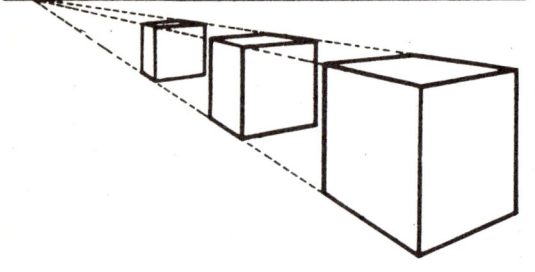

▲ 선원근법

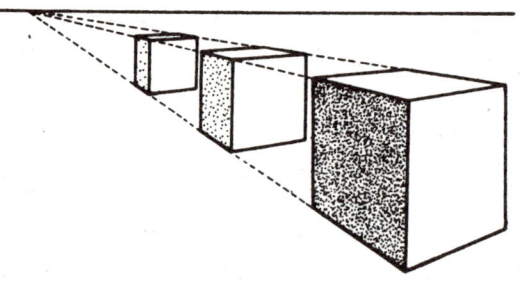

▲ 명암원근법

▲ 겹침원근법

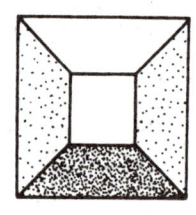 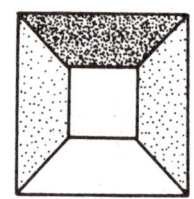

▲ 음영원근법

[6] 투시도의 원근법(遠近法)

① 선 원근법:도학적인 방법으로 선만으로 거리감을 나타낸다.
　시선에 각도를 갖는 평행선은 무한원이며 1점에서 교차하고, 1점에 교차하는 점위치는 눈높이 선상에 있다. 또, 같은 크기의 물체도 멀어질수록 작게 보인다.

② 명암 원근법:가까운 것은 명암의 대비가 강하고, 멀어질수록 명암의 대비가 약하다. 이것은 공기중의 먼지, 수증기, 스모그 등에 의해 일어나는 현상이다. 외관투시도나 조감도 등에 많이 사용된다.

③ 색채 원근법:가까운 것은 채도가 강하고 멀어질수록 채도가 약해진다. 같은 채도의 색에서도 가까운 것보다 먼것이 약하게 보인다.

④ 겹침 원근법:물체와 물체를 겹치게 하므로써 거리감을 갖도록 한다. 물체가 겹쳤을 때 뒤의 물체는 앞의 물체에 가려 일부분만 보이도록 표현한다.

⑤ 음영 원근법:빛과 그림자를 이용한 기법으로 생활속의 감각을 이용한 특수 기법이다.

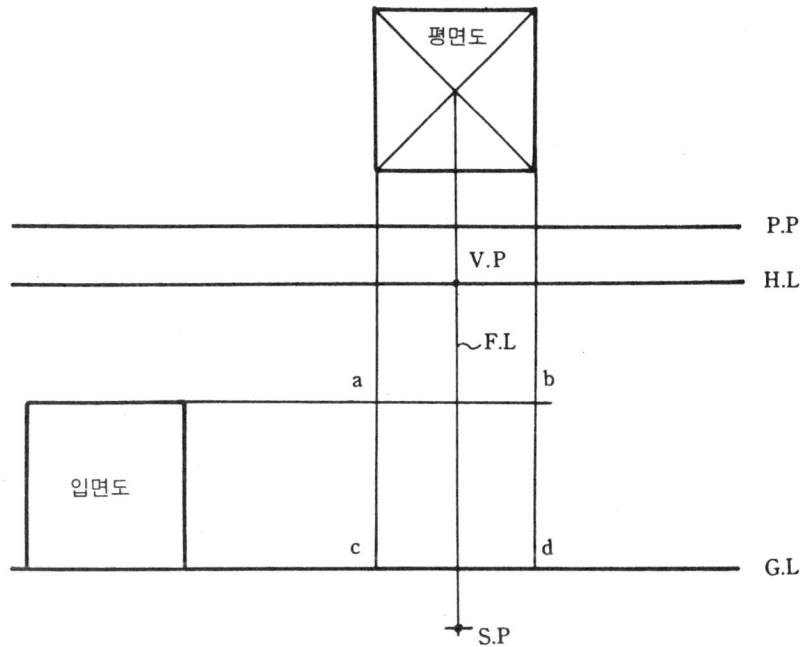

[7] 투시도 기본도법

1. 1소점 기본도법

〈작도법〉
① P.P, H.L, G.L을 수평으로 긋는다.
② 평면도를 P.P와 평행으로 설정한다.
③ 입면도를 G.L상에 설정한다.
④ 평면도에서 폭측선을 수직으로 내려긋는다.
⑤ 입면도에서 높이측선을 수평으로 긋는다.
⑥ ④와 ⑤의 폭측선과 높이측선의 교점을 a, b, c, d라 한다.
⑦ 평면도에 대각선을 긋고 대각선 교점에서 수직선(F.L)을 내려긋는다.
⑧ ⑦의 수직선상에 S.P를 설정한다.
⑨ ⑦의 수직선과 H.L이 만나는 점을 V.P(소점)이라 한다.

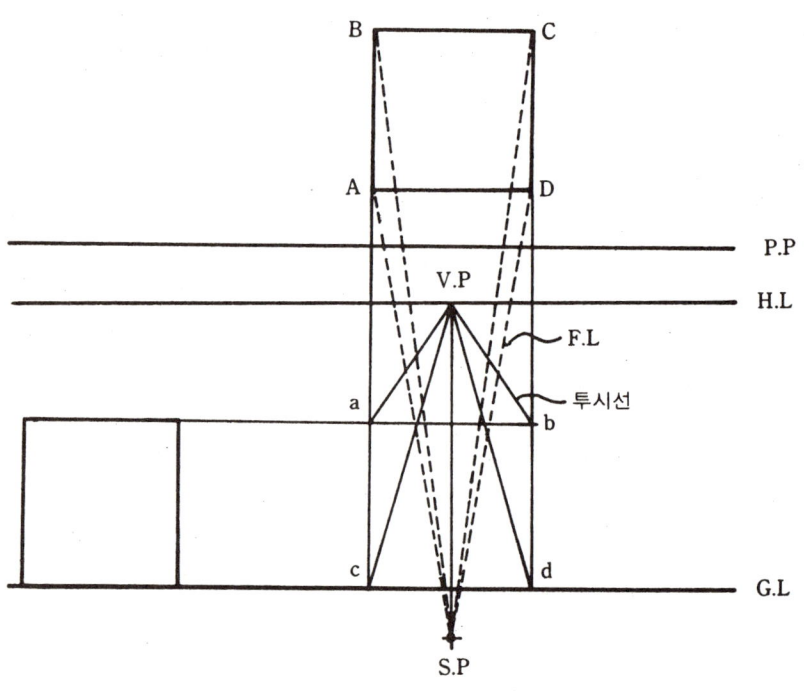

⑩ 교점 a, b, c, d에서 V.P에 결집되는 선(투시선)을 긋는다.
⑪ S.P에서 평면도 모서리점 A, B, C, D를 연결하는 선 F.L(족선)을 긋는다.

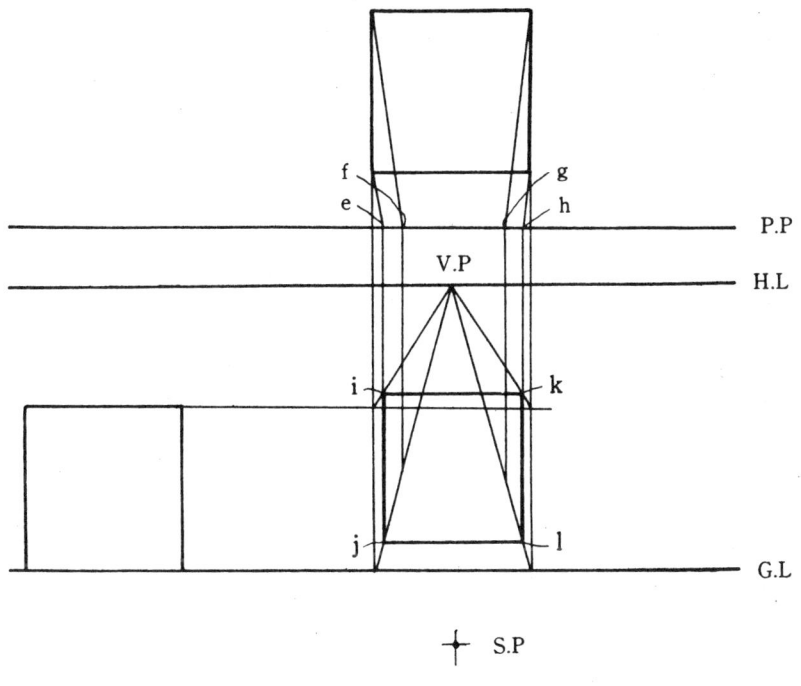

⑫ ⑪의 F.L과 P.P와의 교점을 e, f, g, h라 한다.

⑬ 교점 e, f, g, h에서 수직선을 내려긋는다.

⑭ ⑬의 e, h의 수직선과 ⑩의 투시선이 만나는 점을 i, j, k, l 이라 하면 정면의 위치가 결정된다.

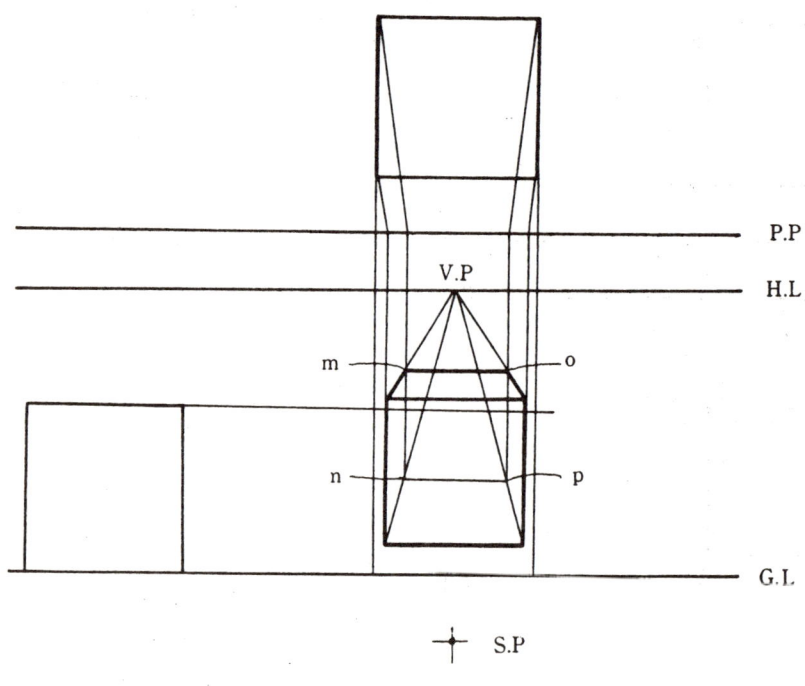

⑮ ⑬의 f, g의 수직선과 ⑩의 투시선의 만나는 점을 m, n, o, p라 하면 뒷면의 사각형이 결정된다.

⑯ ⑭의 ⑮의 i, j, k, l, m, n, o, p의 각점을 연결하면 육면체가 완성된다. 이 육면체가 바로 구하고자 하는 1소점 투시형이다.

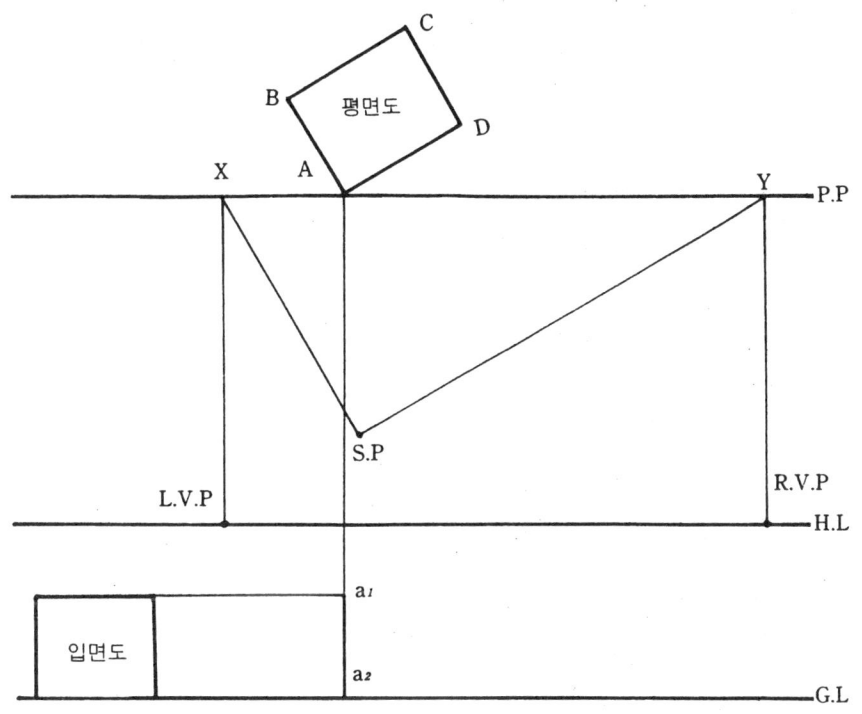

2. 2소점 기본도법

〈작도법〉
① P.P, H.L, G.L을 수평으로 긋는다.
② 평면도를 P.P와 각도를 두고 설정한다.
③ 입면도를 G.L상에 설정한다.
④ S.P를 평면도 아래쪽에 임의로 설정한다.(시각이 45° 이내인 범위에서) A에서 내려그은 수직선상에 S.P를 설정해도 무방하다.
⑤ S.P에서 평면도상 AB, AD와 평행선을 그어 P.P와의 교점을 X, Y라 한다.
⑥ X, Y에서 수직선을 내려그어 H.L과의 교점을 L.V.P, R.V.P라 한다. 이 점이 소점이다.
⑦ P.P와 평면도가 만나는 점에서 수직선을 긋고, 입면도의 높이 a_1-a_2를 설정한다.(평면도가 화면에 접해 있으므로 입면도의 높이가 그대로 적용된다)

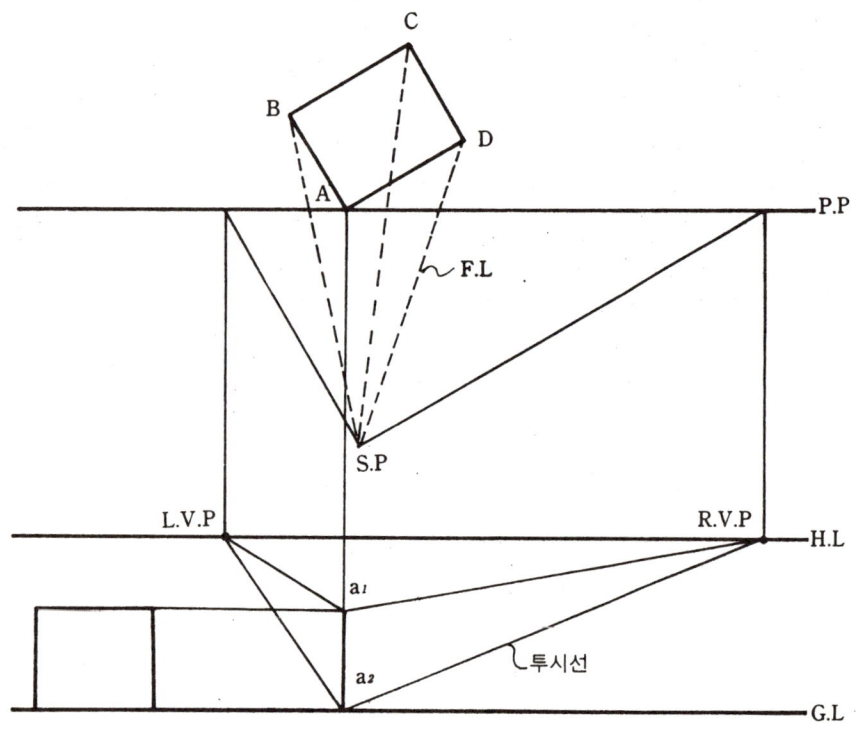

⑧ S.P에서 평면도의 각 모서리점 A, B, C, D를 연결하는 선 F.L(족선)을 긋는다.
⑨ 점 a₁—a₂에서 L.V.P, R.V.P에 결집되는 선(투시선)을 긋는다.

투시도 기본도법/2소점 기본도법

⑩ ⑧의 F.L과 P.P와 만나는 점을 b, c, d라 하고, 각각의 점에서 수직선을 내려 긋는다.

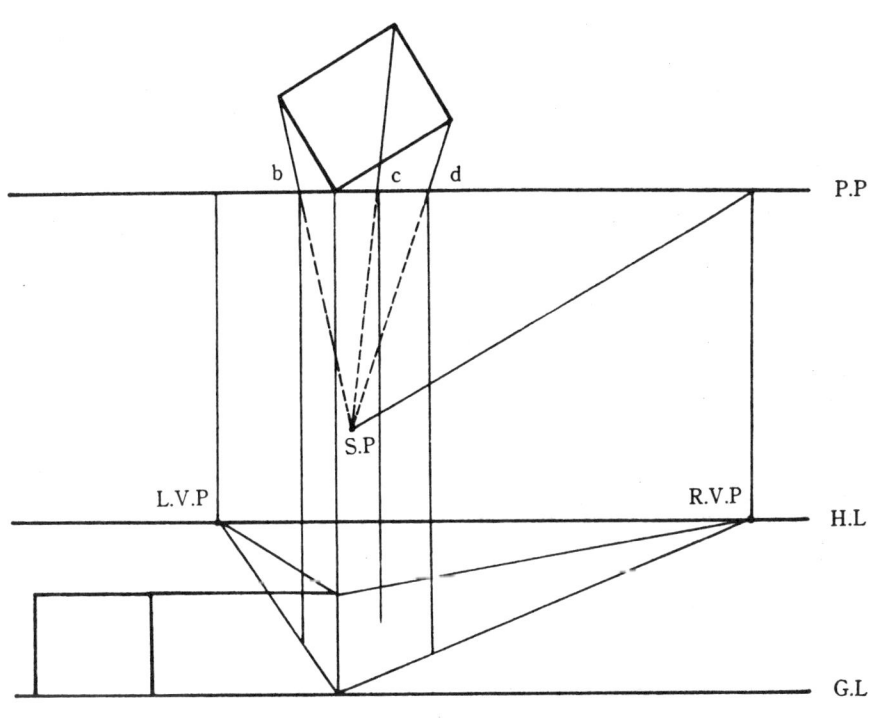

투시도 기본도법/2소점 기본도법

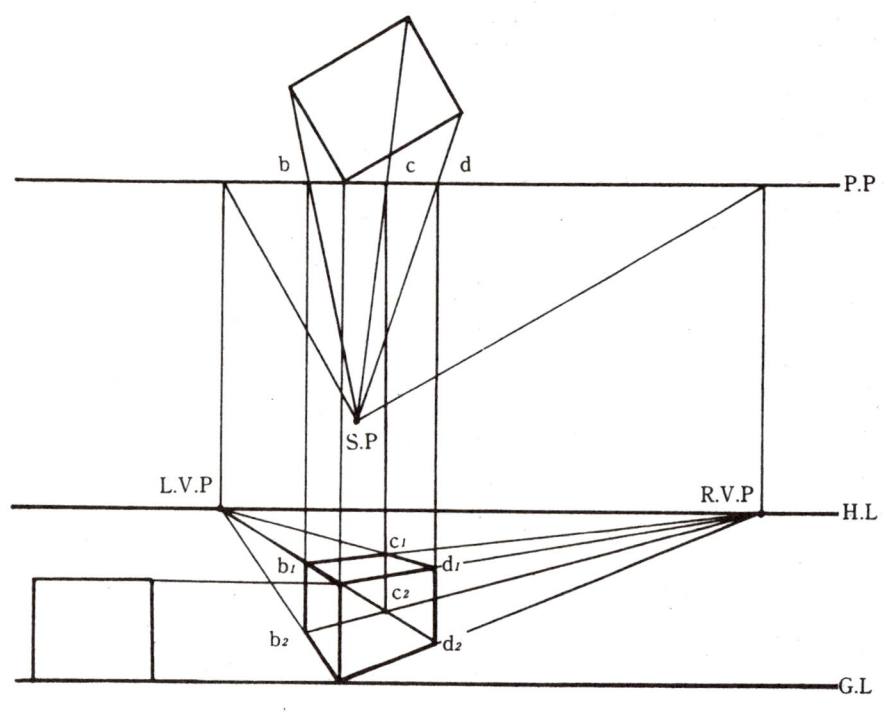

⑪ ⑩의 수직선과 ⑨의 투시선과의 교점을 b_1-b_2, d_1-d_2라 한다.

⑫ b_1-b_2, d_1-d_2에서 L.V.P, R.V.P에 결집되는 투시선을 긋는다. 그러면 교점 c_1-c_2가 생긴다. 이 교점은 c에 내려 그은 수직선과 일치하게 된다. 이 육면체가 구하고자 하는 2소점 투시형이다.

3. 1소점 기본도법(평행45°법)

〈작도법〉

이 방법은 평면도를 배치하지 않아도 작도할 수 있는 방법이나 도법의 이해를 위해서 평면도를 배치하고 설명코자 한다..

① P.P. H.L. G.L을 수평으로 긋는다.
② 평면도를 P.P와 평행으로 설정한다.
③ 입면도를 G.L상에 설정한다.
④ 평면도에서 폭측선을 수직으로 내려 긋는다.
⑤ 입면도에서 높이측선을 수평으로 긋는다.
⑥ ④와 ⑤의 폭측선과 높이측선의 교점을 a. b. c. d라 한다.
⑦ 교점 a. b. c. d에서 V.P에 결집되는 선(투시선)을 긋는다.

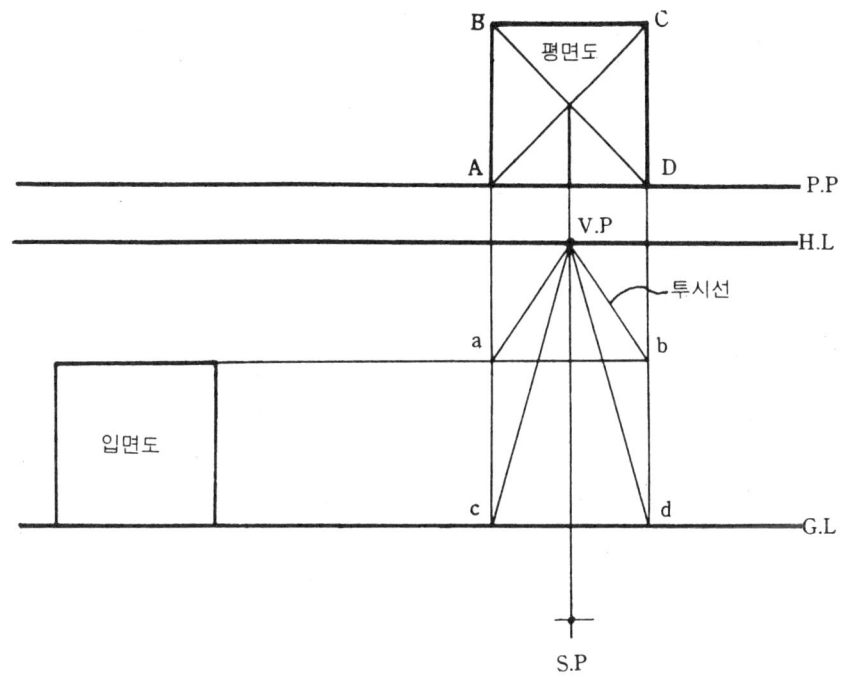

투시도 기본도법/1소점 기본도법(평행 45°법)

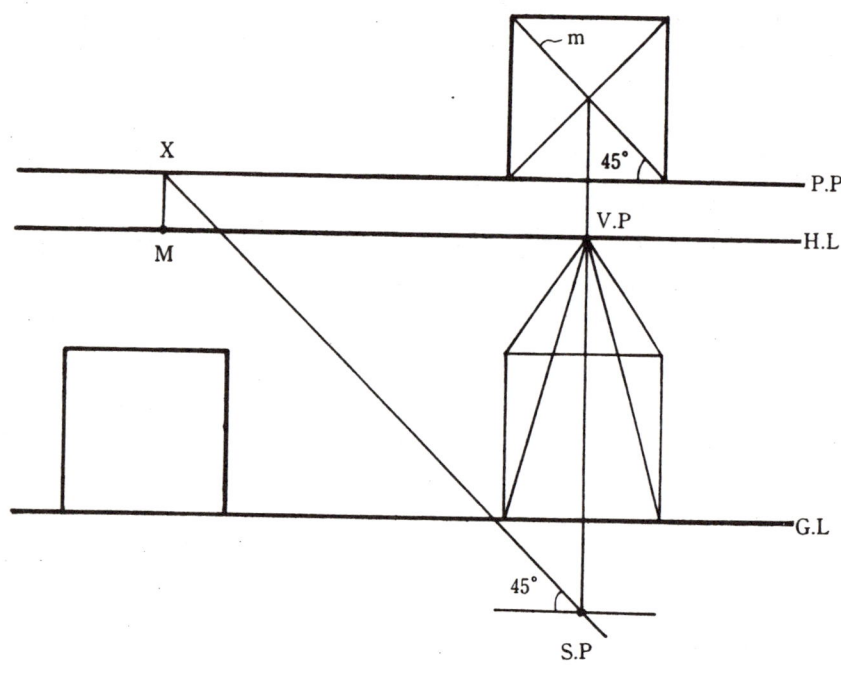

⑧ 평면도(정사각형)의 대각선 m의 소점 M(측점)을 구하기 위해서는 S.P에서 45° 방향으로 사선을 긋는다.
P.P와 만나는 점을 X라고 하면, X에서 수직선을 그어 H.L과 만나는 점이 M이 된다.

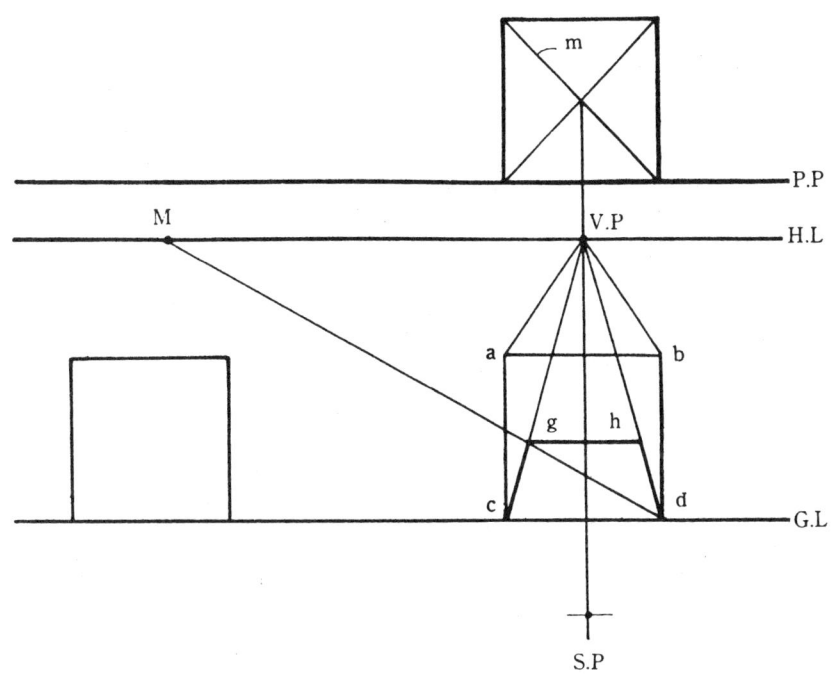

⑨ M과 교점 d를 연결하면 교점 c 의 투시선과 만나는 점 g가 생긴다. 이때 cg의 길이와 cd의 길이가 같게 된다.

⑩ g에서 수평선을 그어 교점 d의 투시선과 만나는 점을 h라 하면 사다리꼴 형의 cdgh는 정사각형의 투시형이 된다.

투시도 기본도법/1소점 기본도법(평행 45°법)

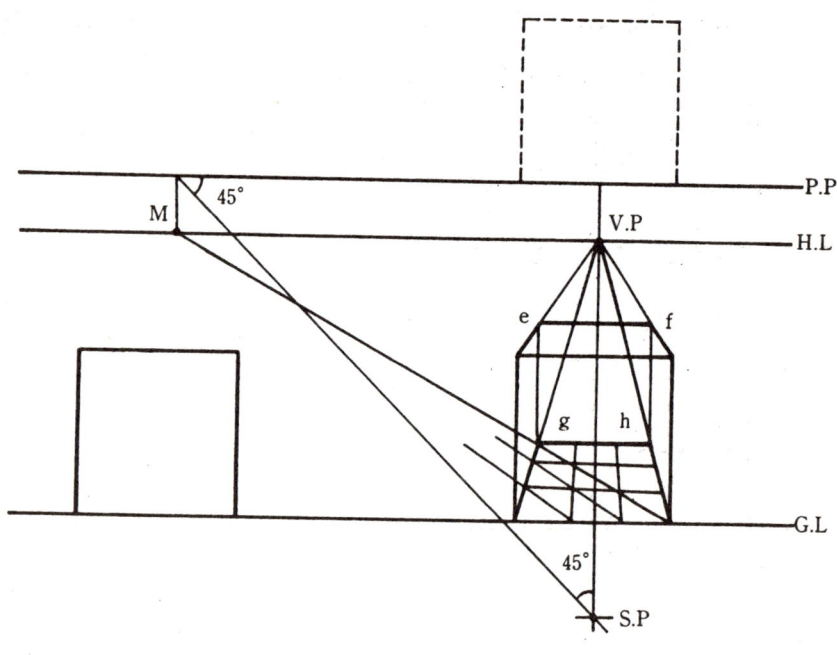

⑪ g, h에서 수직선을 그어 교점 a, b의 투시선과의 교점을 e, f 라고 하고, 교점 a, b, c, d, e, f, g를 연결하면 입방체가 완성된다.

☞ 참고
M-V.P의 거리와 P.P-S.P의 거리가 같으므로 작도시는 평면도 S.P를 설정하지 않더라도 V.P로터 P.P-S.P간의 길이를 H.L상에 설정하면 된다.

투시도 기본도법/1소점 기본도법(평행 45°법)

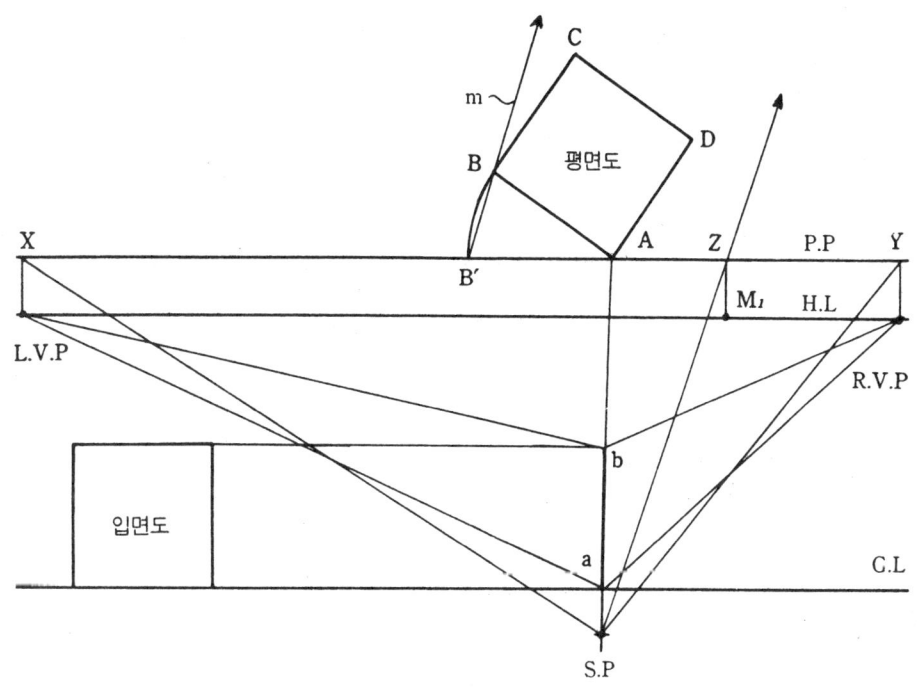

4. 2소점 기본도법(측점법)

〈작도법〉

① P.P, H.L, G.L을 수평으로 긋는다.
② 평면도를 P.P와 각도를 두고 설정한다.
③ 입면도를 G.L상에 설정한다.
④ S.P를 A에서 내려그은 수직선상에 설정한다.
⑤ S.P에서 평면도상 AB, AD와 평행선을 그어 P.P와의 교점을 X, Y라 한다.
⑥ X, Y에서 수직선을 내려 그어 H.L과의 교점을 L.V.P, R.V.P라 한다.
⑦ A에서 내려 그은 수직선상에 입면도 높이 a-b를 설정한다.
⑧ A를 중심으로 하여 AB의 원호를 그려 P.P와 만나는 점을 B′라 한다.
⑨ B-B′를 지나는 선 m과의 평행선을 S.P에서 그어 P.P와 만나는 점을 Z라 한다.
⑩ Z에서 수직선을 내려그어 H.L과 만나는 점을 M_1이라 하면 이 점이 측점이 된다.

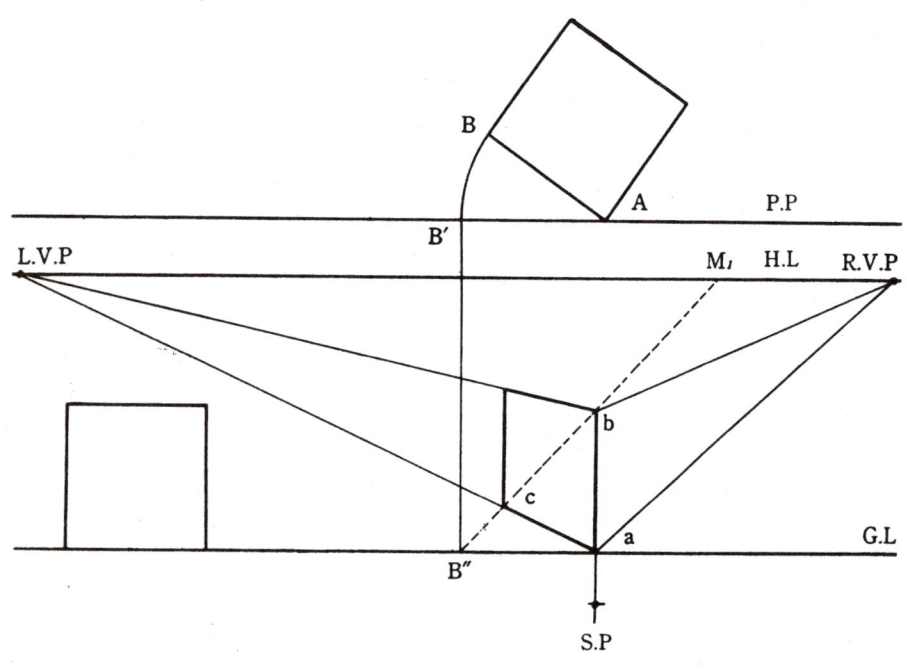

⑪ B′에서 수직선을 내려그어 G.L과 만나는 점을 B″라고 하면 aB″는 AB와 같은 길이의 선분이 된다.

⑫ B″와 M₁을 연결하고, a에서 L.V.P로 집결되는 투시선을 그으면 교점 c가 생긴다. 이때 ac의 거리는 선분 AB의 투시형으로 실제의 거리는 같다. 이와같은 역할을 하는 점이 M₁이므로 측점(Measuring Point)이라고 하는 것이다.

⑬ b에서 L.V.P로 향하는 투시선과 c에서 그은 수직선을 연결하면 그림과 같이 사각형의 투시형이 생긴다.

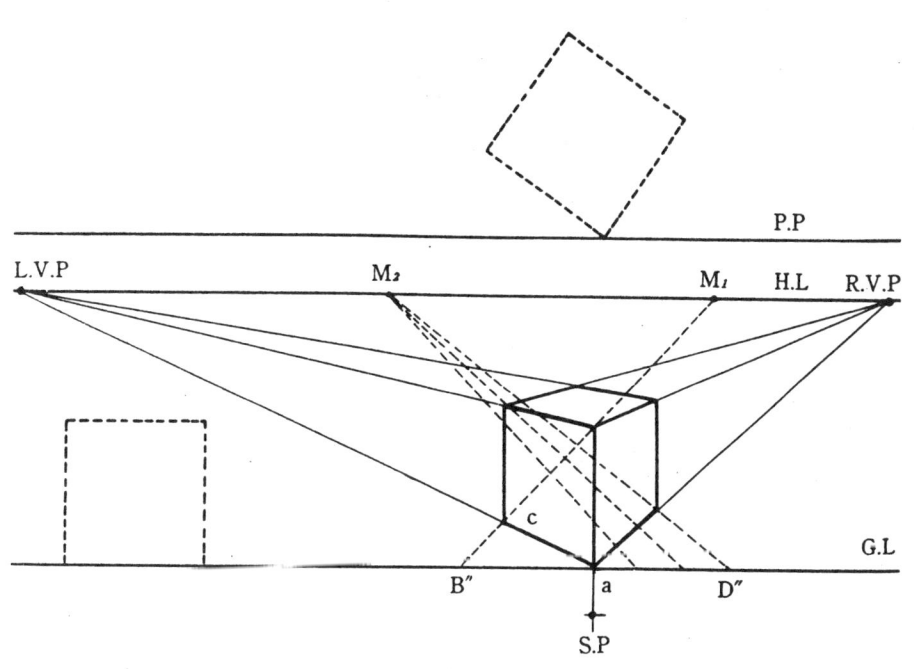

⑭ ⑪과 ⑫와 같은 방법으로 D″와 M_2를 구한다.

⑮ a에서 R.V.P로 향하는 투시선 상에 d를 구하고, 수직선을 그어 각 모서리점을 연결하면 그림과 같이 입방체를 구할 수 있다.

☞ 참고

옆의 그림에서 볼 때 ad의 선상에 임의의 거리를 측량하고자 할 때는 G.L상의 aD″에 실길이를 측량하여 측점 M_2에 연결하면 된다는 것을 알 수 있다.

투시도 기본도법/2소점 기본도법(측점법)

5. 3소점 기본도법(측점법)

이 도법은 조감도 작도시 사용되는 도법이다.

〈작도법〉

① 2소점 기본도법(측점법)을 먼저 작도한다.
② S.P를 지나는 수직선을 연장하고, 그 연장선에서 임의로 V.P를 설정한다.

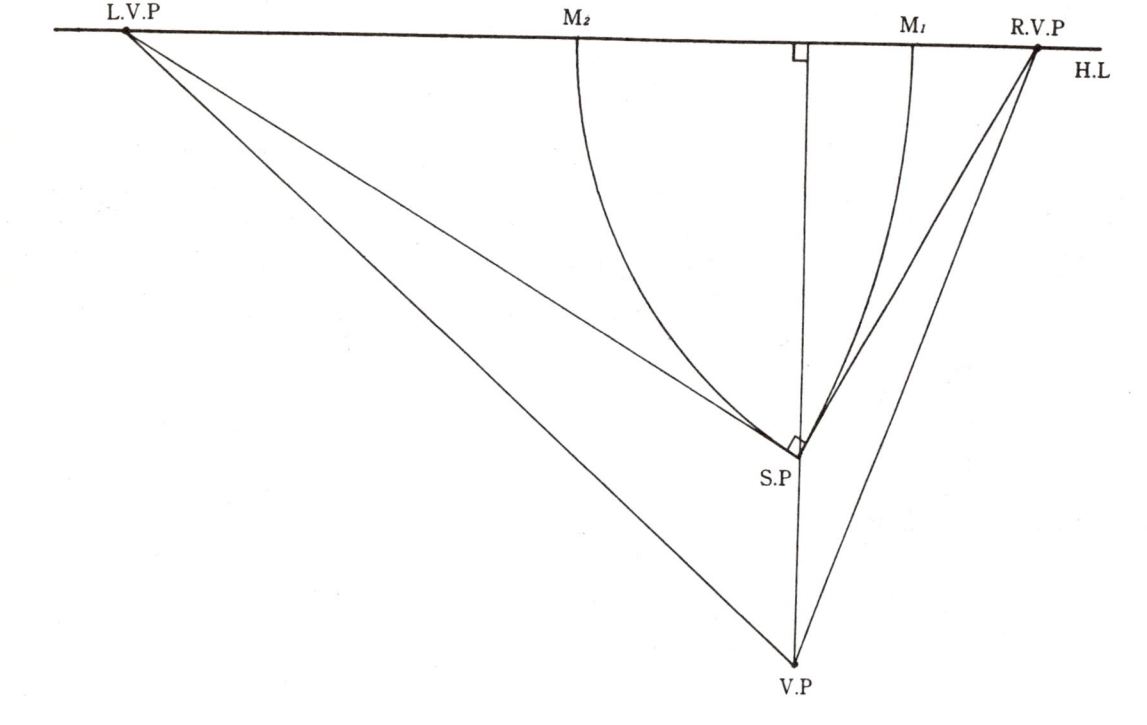

투시도 기본도법/3소점 기본도법(측점법)

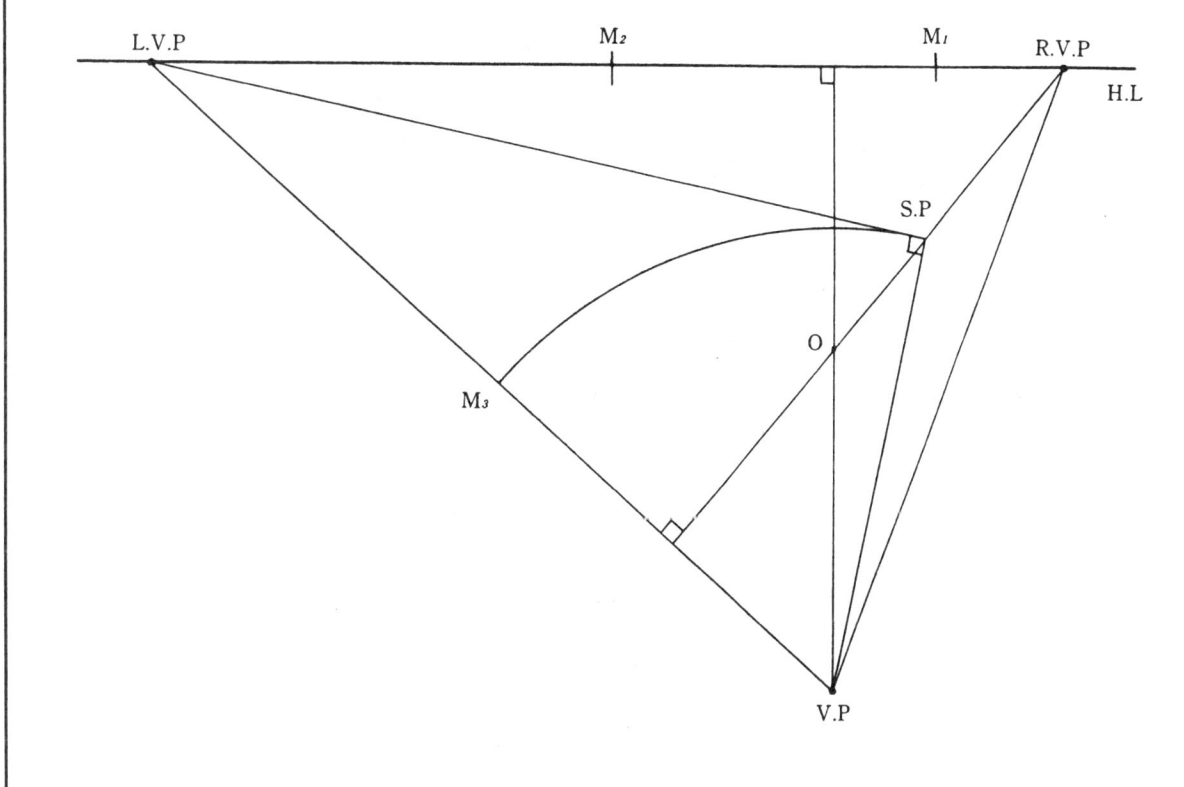

③ R.V.P에서 L.V.P와 L.V와 연결선과의 수직선상에 S.P위치가 결정된다.
④ H.L에 대한 수직선과 L.V.P와 V.P에 대한 수직선과의 교점을 O라 한다.. 교점 O는 입체와 화면의 접점이 있고, 지수를 이행하기 위한 기점이 된다.
⑤ M_3을 구한다.

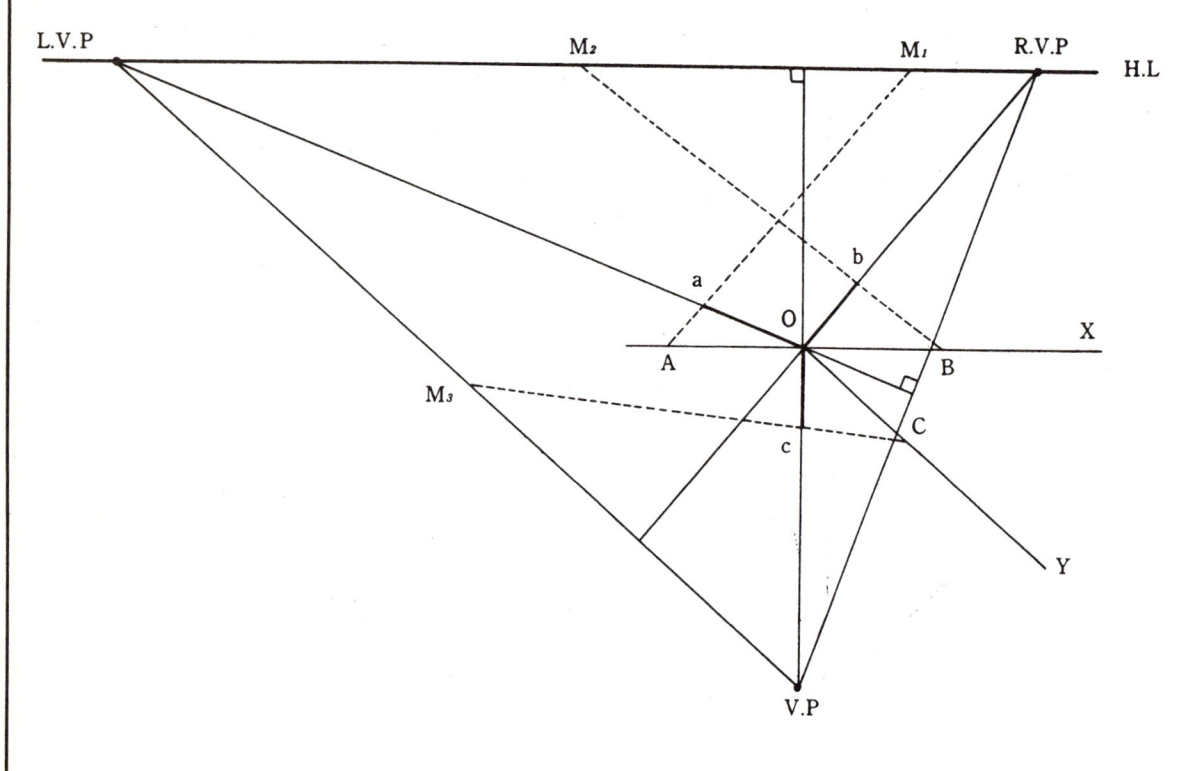

⑥ 교점 O에서 3개의 소점 (L.V.P, R.V.P, V.P)으로 향한 투시선을 긋는다.
⑦ 교점 O를 지나 H.L과의 평행선 X, L.V.P와 V.P와의 평행선 Y를 긋는다.
⑧ X, Y 선상에 실제 길이 OA, OB, OC를 측량한다.
⑨ M₁과 A, M₂와 B, M₃과 C를 연결하여 a, b, c점을 구한다.

투시도 기본도법/3소점 기본도법(측점법)

⑩ 투시선과 교점 a, b, c에 의해 안길이 및 높이가 결정되고 입방체의 투시형이 구해진다. 그림과 같이 M점을 사용하여 분할도 가능하다.

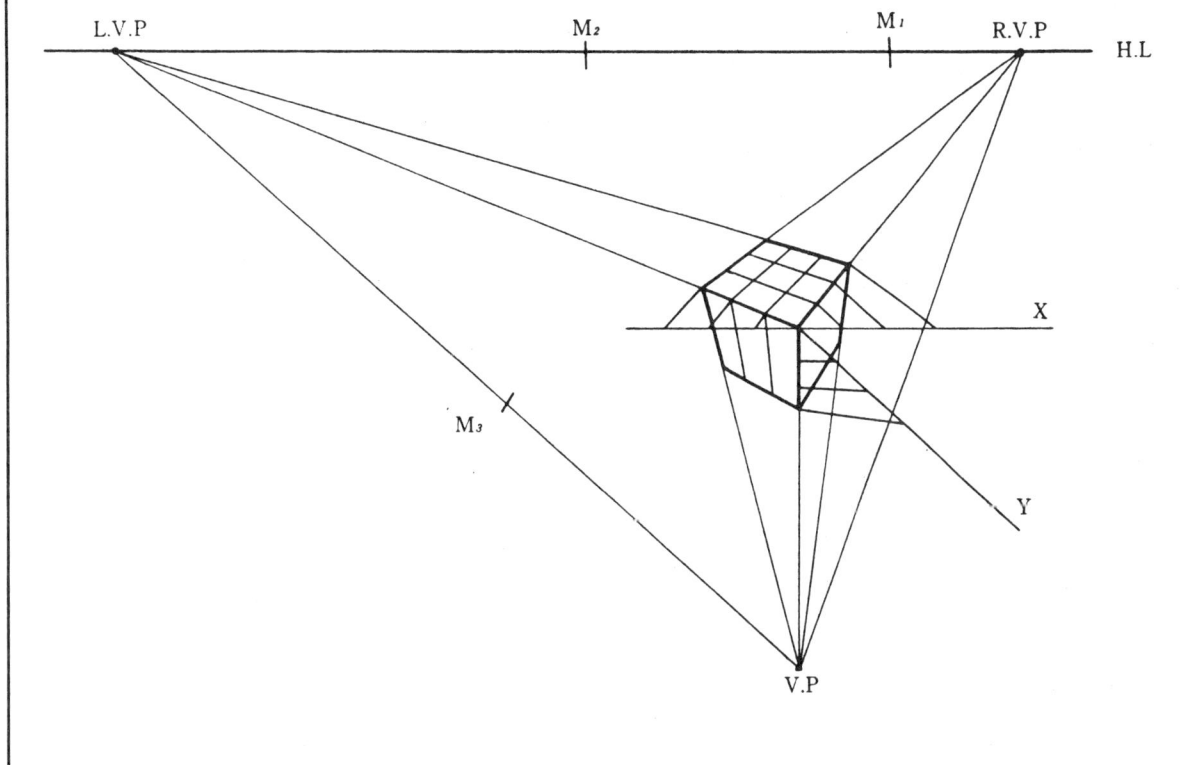

투시도 기본도법/3소점 기본도법(측점법)

[8] 원의 투시도

투시상에서 원은 등분법을 이용하여 작도하며 8점법과 12점법이 있다.

1. 8점법

정사각형 abcd를 그리고, 그의 대각선을 그어 중심 O를 구한 다음 O를 중심으로 하는 정사각형에 내접하는 원을 그린 후, 정사각형 각 변의 중심점을 연결하여 사각형을 4등분 한다. 4등분된 사각형을 다시 대각선을 그어 놓고 g에서 x를 통과하는 선을 연장하여 ad와의 교점을 i로 한다. i와 c를 연결하면 bd와의 교점이 얻어지고, 이러한 방법으로 8개의 점을 구하여 이를 연결하면 각도를 가진 원의 투시, 즉 타원을 얻을 수 있다.

2. 12점법

정사각형 abcd를 그리고 그의 중심 O를 구하여, O를 중심으로 하여 정사각형에 내접하는 원을 그린 후 정사각형의 각 변을 4등분하면 정사각형은 16등분 한다. b와 j를 연결하고 이와 같은 방법으로 모두 12개의 점을 구할 수 있다.

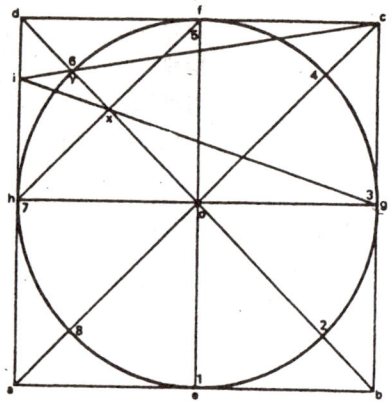

▲ 원의 투시(8점법)

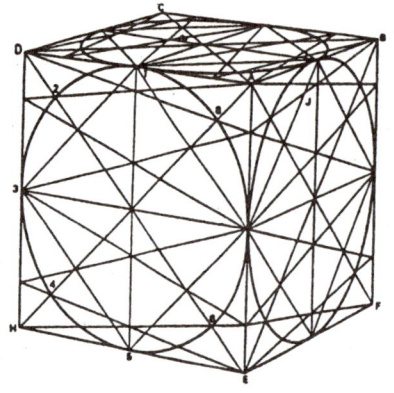

▲ 원의 투시(8점법)

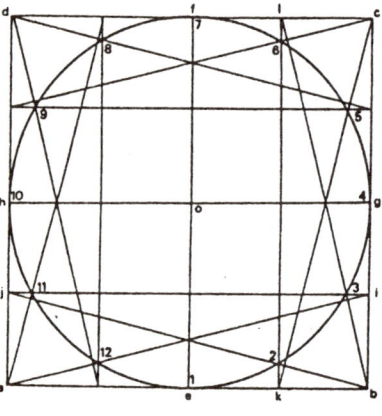

▲ 원의 투시(12점법)

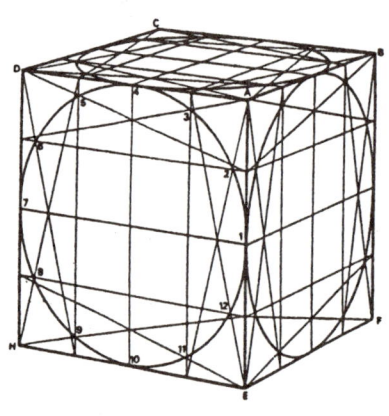

▲ 원의 투시(12점법)

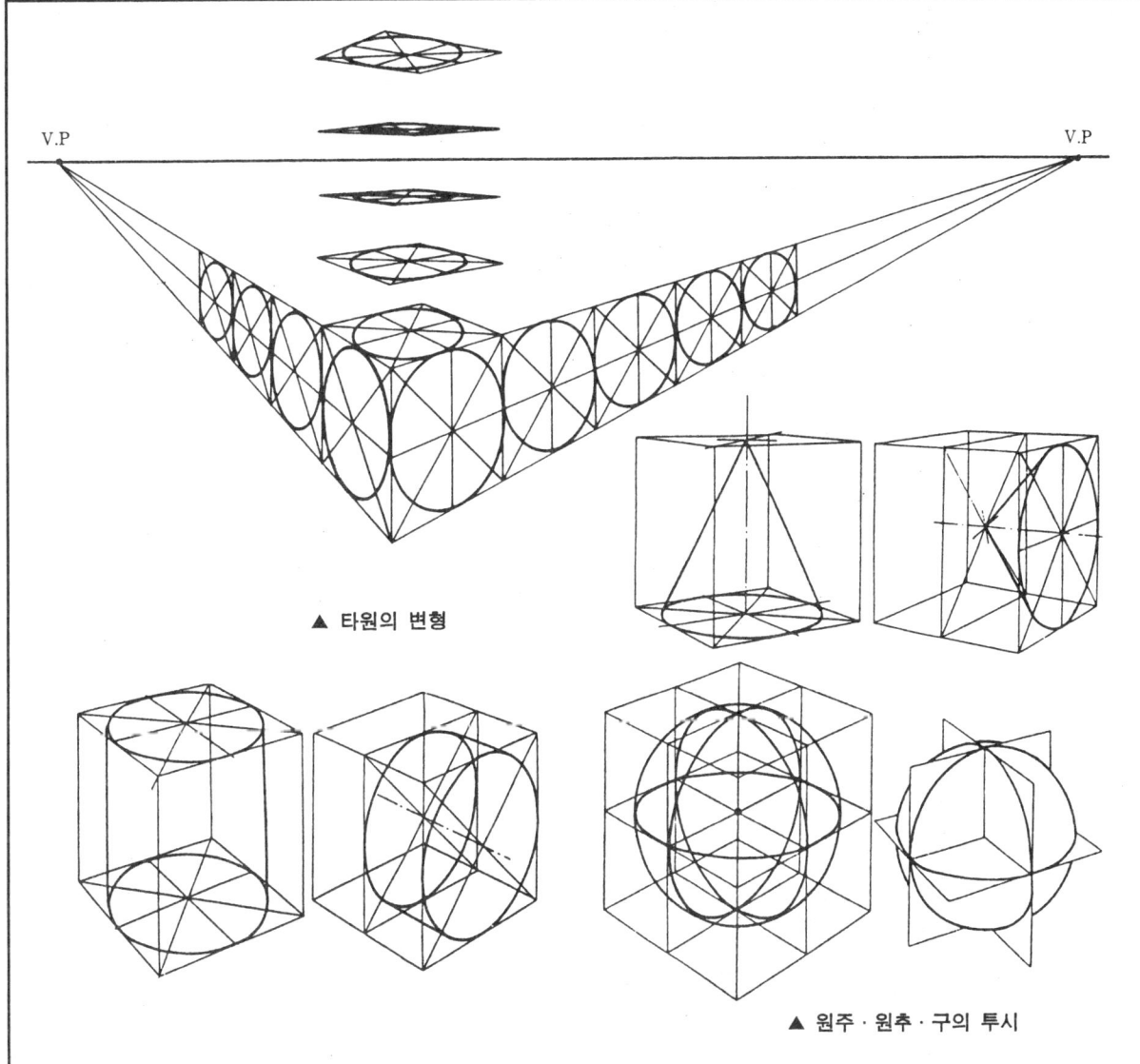

▲ 타원의 변형

▲ 원주·원추·구의 투시

[9] 타원, 원주, 원추, 구의 투시도

1. 타원의 투시

타원은 장축과 단축을 갖고 있다. 투시육면체의 상대하는 면에 타원을 그려 이들 면의 투시 중심을 투시선으로 이어주면 이 선은 양쪽의 타원과 수직이 되며 단축이 된다.
타원의 장축은 투시도에서 별로 중요하지 않고, 단축은 정사각형의 투시중심을 구해 이 점에 투시 수직선을 그으므로써 구해진다.
평행한 원은 같은 선상에 같은 단축을 갖고 있다.

2. 원주, 원추, 구의 투시

원주와 원추는 직선으로 둘러 쌓인 쪽의 원을 그리고 이들을 직선으로 연결하면 되며, 구는 외접하는 정육면체를 절반으로 절단한 사각형에 내접하는 타원을 그려 이의 장축을 지름으로 하는 원을 그리면 된다.
옆 그림의 예를 직접 작도하여 보자.

타원, 원주, 원추, 구의 투시도

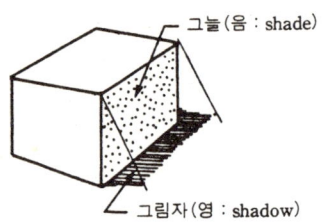

▲ 음영 표현

평행 광선(태양광)
①측광

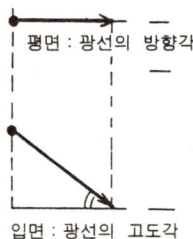

평면 : 광선의 방향각

입면 : 광선의 고도각

②배광

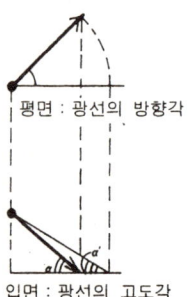

평면 : 광선의 방향각

입면 : 광선의 고도각

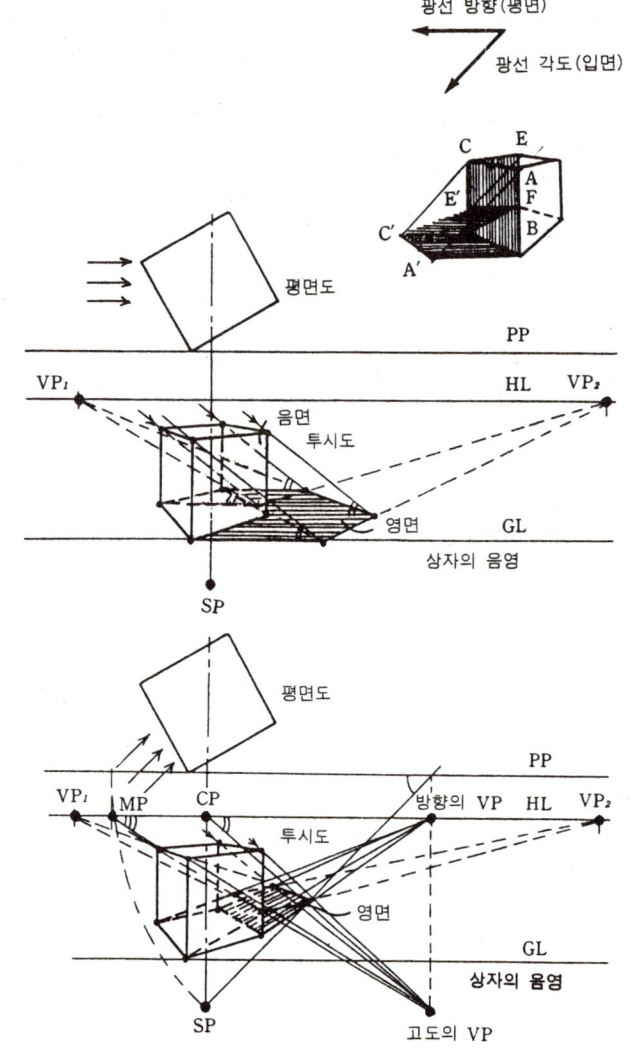

상자의 음영

상자의 음영

[10] 음영의 투시도법

1. 음영의 표현방법

음영은 어떤 물체에 빛을 비추면 빛이 비치지 않는 그늘과 바닥에 나타난 물체의 영상인 그림자를 말한다.

건축물에 입체적인 표현을 강조하기 위해서 이 도법을 사용한다. 그늘과 그림자는 물체의 위치, 보는 사람의 위치, 빛의 방향, 그림자가 나타나는 바닥의 형태에 따라 표현이 달라진다.

2. 평행광선의 측광음영

옆의 그림에서 평면의 화살표는 빛의 방향, 입면의 화살표는 빛의 각도를 표시한다. 선 AB의 그림자 선은 점 B로 부터 광선 방향으로 평행하게 좌측으로 그은 선과, 점 A로 부터 광선각도로 그은 선에 의하여 결정된다. A′-B가 그림자 길이다.

이와 같은 방법으로 A′, C′, E′를 연결하면 그림자가 된다.

음영의 투시도법

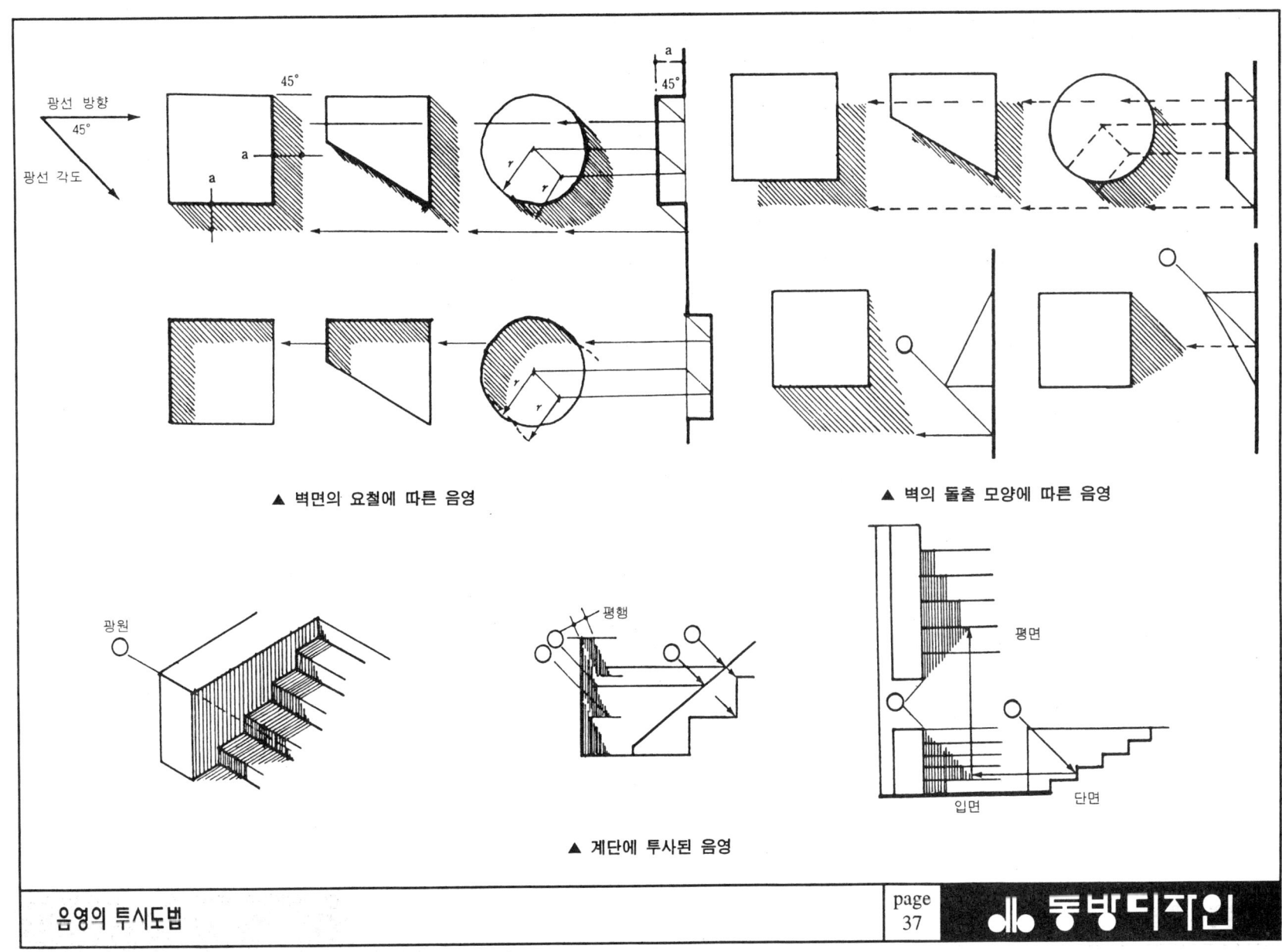

▼ 바닥면에 비치는 영상

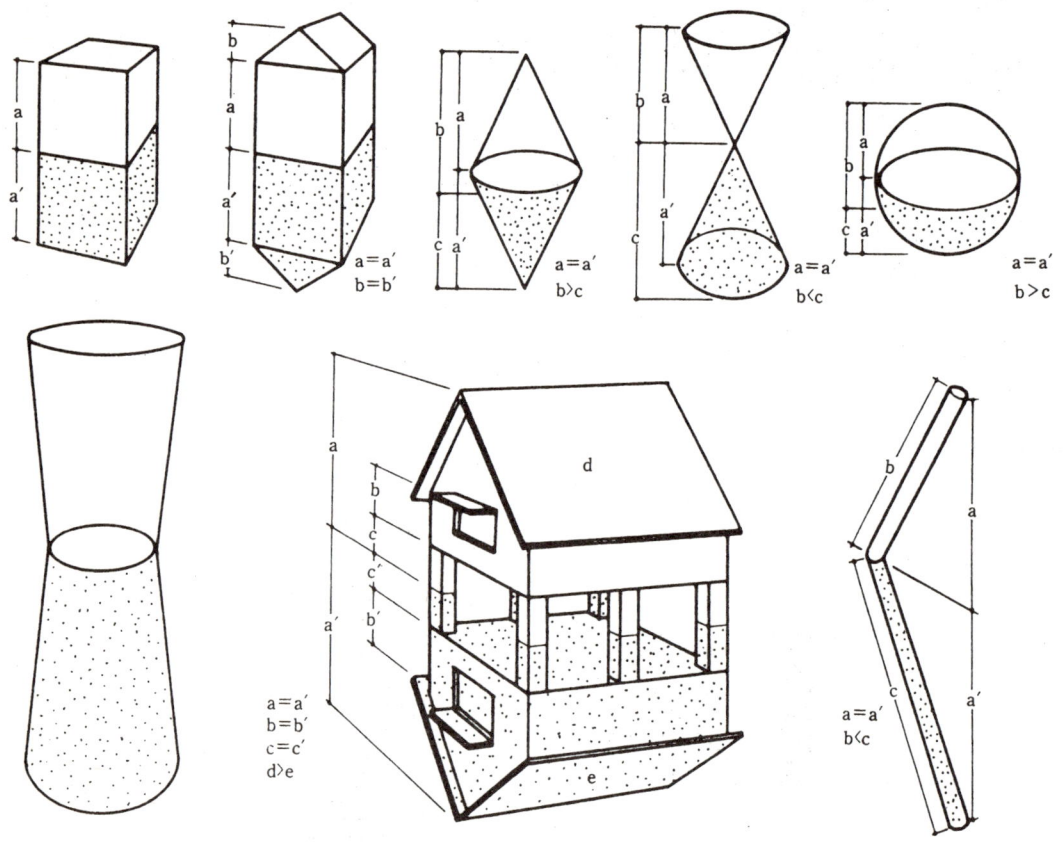

[11] 경영(鏡映)의 도법

비치는 면에 실상이 비치는 것을 경영이라 하고, 비춰진 상을 영상이라고 한다. 영상은 거울, 유리, 수면, 타일, 젖은 노면 등에 나타나며 그 질감 및 상황을 표현할 수 있다. 영상은 비춰지는 반대면에 같은 크기의 비례로 그리면 되나 눈에 보이는 모양이 갖지 않은 경우가 있다. 관찰자의 눈높이에 따라 영상이 변한다. 실상과 영상의 소점이 같다.

경영의 도법

▼ 거울에 비치는 영상

경영의 도법

[12] 투시도 응용도법

축척을 사용하여 그리는 도법으로 실제로 많이 사용하는 방법이다. 다음의 예를 1/40을 기준하여 작도하여 보자. 투시도에는 축척이 존재하지 않으나 기준이 되는 점에서는 축척을 사용할 수 있다.

1. 실내 1소점법(평행45°법)

〈작도법〉

① P.P겸 H.L을 긋는다.
② 평면도를 배치한다. 화살표 방향에서 보았을 경우 마주보이는 벽체를 P.P상에 접하도록 한다. 그림에서는 굵은 점선 사각형이 평면도가 배치된 상태이다.(S.P설정을 위해서 평면도를 배치하며, S.P가 설정된 후는 필요 없는 상태이므로 흐리게 그리도록 한다)
③ 평면도 내에 수직선을 긋는다. 수직선의 위치에 따라 좌우 벽체의 넓이가 달라진다. ①의 P.P/H.L과 만나는 점이 V.P가 된다.
④ 시각 45°내에 평면도가 배치될 수 있도록 ③의 수직선상에 S.P를 설정한다.
⑤ ①의 P.P/H.L에서 1.5m 아래에 G.L을 긋는다.
⑥ 화면에 접한 벽체의 입면도를 G.L상에서 부터 그린다.(벽체높이:주택에서는 2.4m가 기준이다)
⑦ V.P에서 입면도 각 모서리로 향하여 벽 모서리선을 긋는다. 이렇게해서 바닥, 벽, 천정의 형태가 잡히게 된다.
⑧ 입면도내의 G.L상에 30㎝ 눈금을 왼쪽부터 측량한다.(오른쪽부터 측량할 경우는 ⑩의 D.P점을 오른쪽으로 이동시키면 된다)
⑨ V.P에서 30㎝ 눈금을 지나는 선을 긋는다.
⑩ V.P에서 S.P까지의 거리를 V.P를 중심으로 하여 P.P/H.L 상으로 이동시킨다. 이 점이 D.P이다.(V.P-S.P거리=V.P-D.P거리)
⑪ D.P에서 ⑧의 30㎝ 눈금 시작점을 지나는 선을 긋는다.
⑫ ⑪의 선과 ⑨의 선이 만나는 점을 지나는 수평선을 긋는다. 이렇게 하면 그리드(Grid)가 생기는데 이 규격은 30㎝×30㎝이다.
⑬ 그리드가 쳐 있는 바닥에 물체의 위치 a, b, c, d를 설정한다.
⑭ 물체의 바닥모서리 a, b, c, d에서 수직선을 긋는다.
⑮ ⑥의 벽체 입면도상에 물체의 높이를 측량한다.(화면에 접한 벽체이므로 스케일 사용이 가능하다)
⑯ V.P에서 ⑮물체 높이점을 지나는 선을 긋는다.
⑰ 물체의 바닥선을 벽 모서리까지 이동시킨다.
⑱ ⑰선과 벽모서리가 만난점에서 수직선을 긋는다.
⑲ ⑯선과 ⑱선이 만나는 점에서 수평선을 그어 물체의 높이를 확정한다.

⑳ 입방체 투시형을 완성한다.
㉑ ⑥의 벽체 입면도상에 바닥에서 창문 높이를 측량한다.
㉒ ㉑부터 창틀 높이를 측량한다.
㉓ V.P에서 ㉑, ㉒점을 지나는 투시선을 긋는다.
㉔ 주어진 평면도를 보고 창문의 위치를 설정한 다음 수직선을 긋는다. 이렇게 하면 창문의 형태가 완성된다.
　　실제로 투시도를 그릴때도 모든 가구를 입방체형으로 만든 다음 형태를 추출하는 것이다.

▼ 주어진 조건의 평면도와 입면도(전개도)

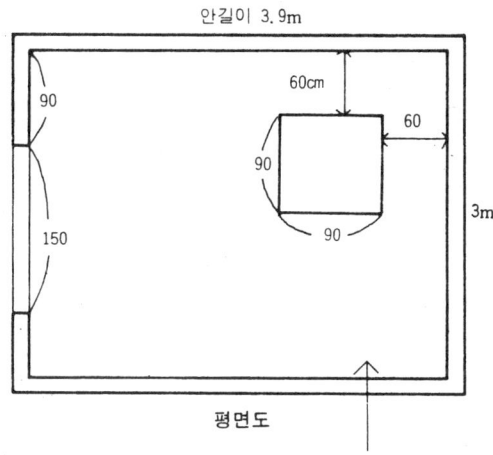

평면도

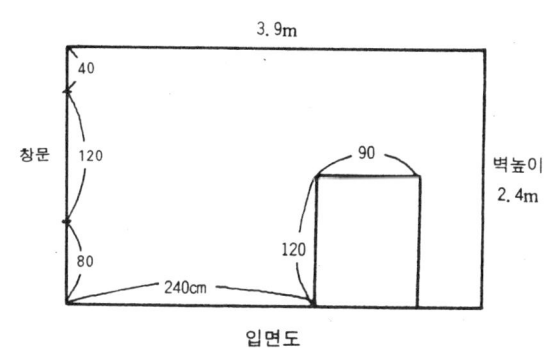

입면도

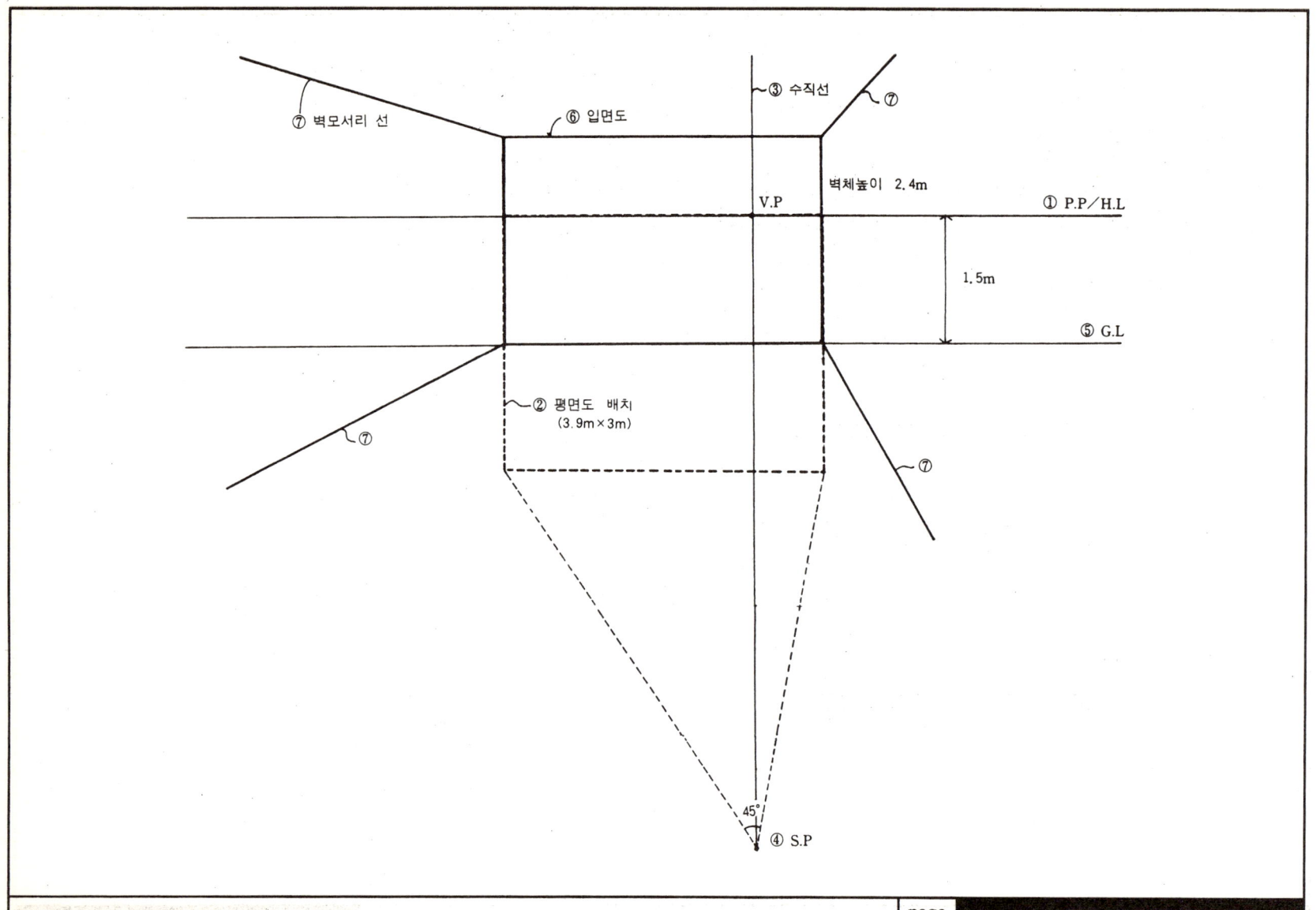

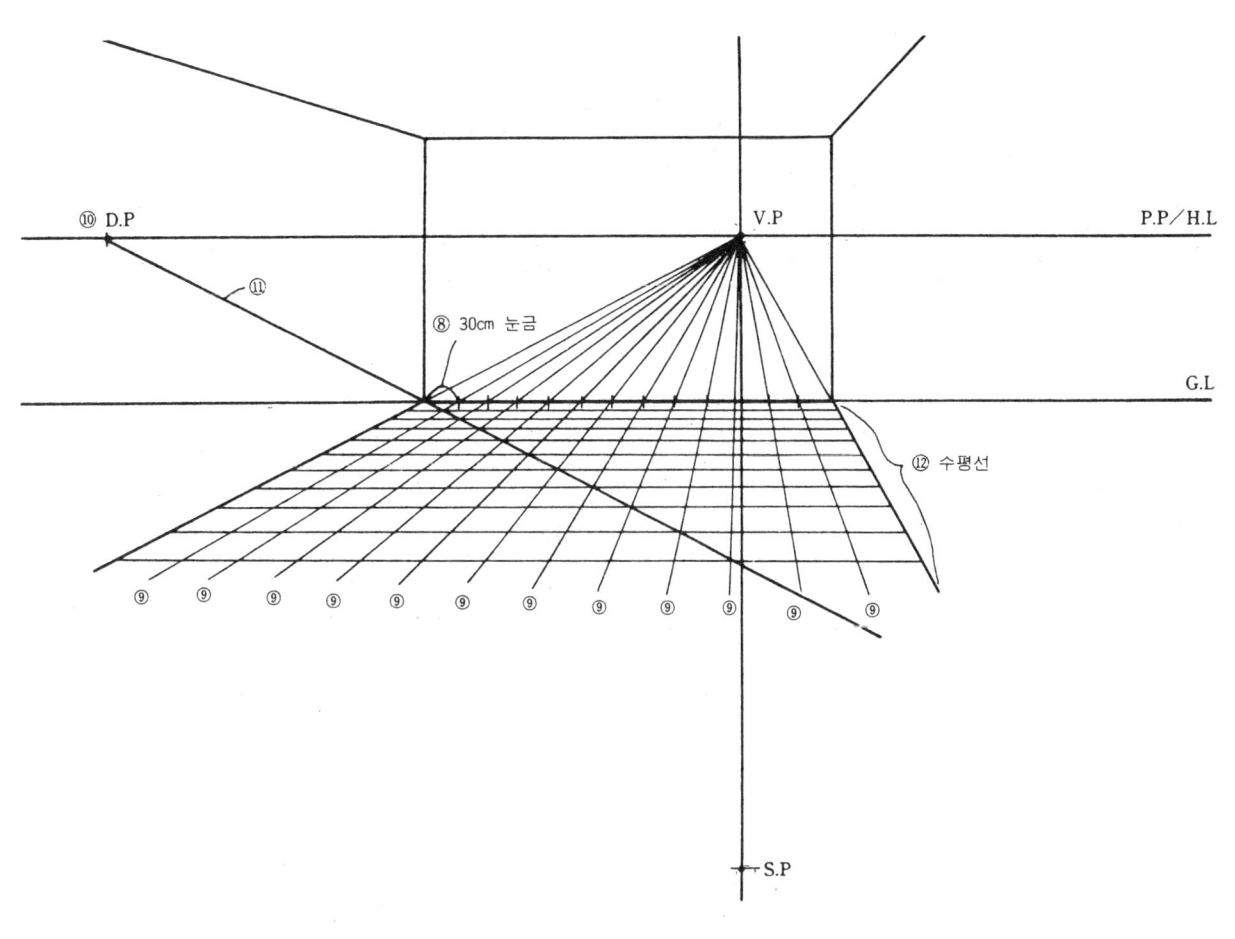

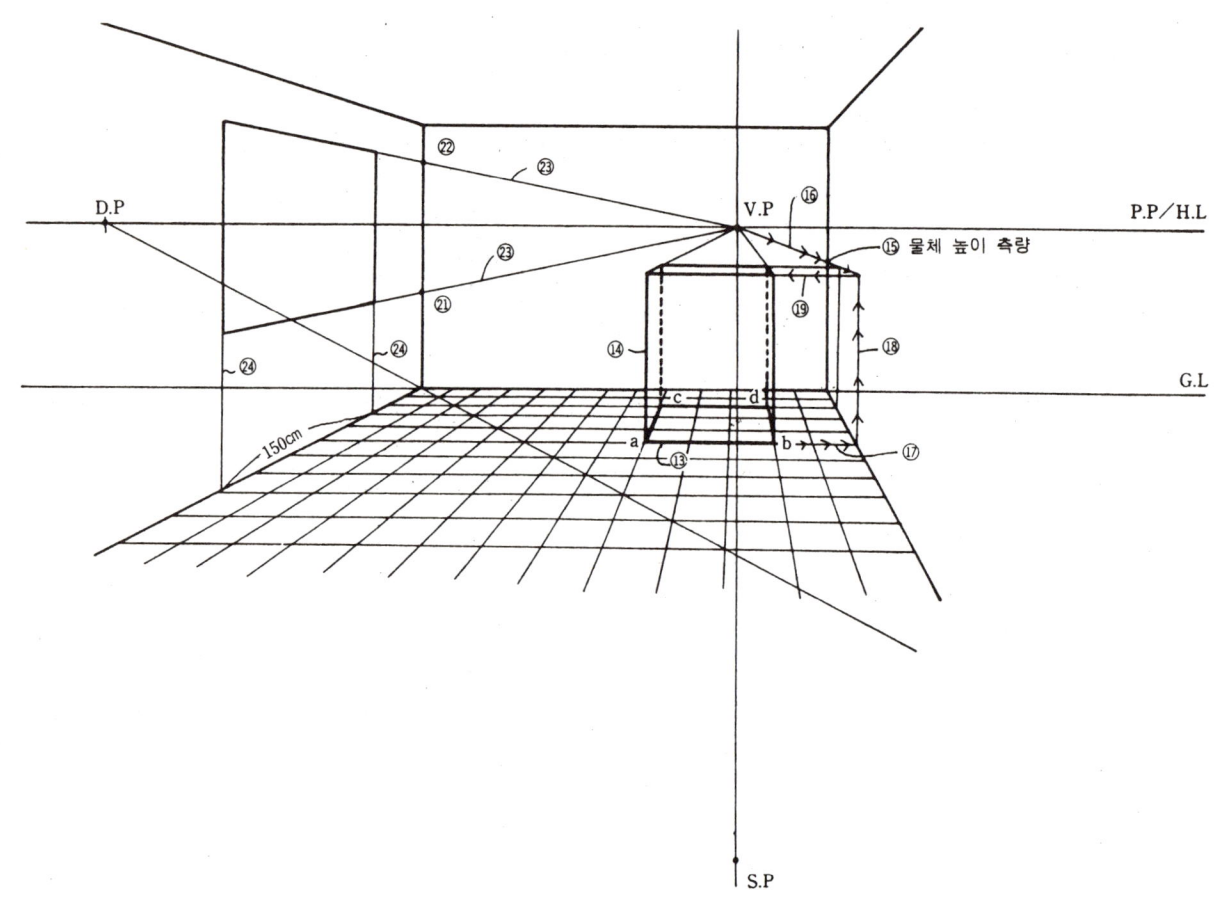

투시도 응용도법/실내 1소점법(평행 45°법)

2. 실내 2소점법

실내 1소점법의 변형으로 도법이 유사하다.

〈작도법〉

① P.P겸 H.L을 긋는다.
② 평면도를 배치한다. 화살표 방향에서 보았을 경우 마주보이는 벽체를 P.P상에 접하도록 한다. 그림에서는 굵은 점선 사각형이 평면도가 배치된 상태이다.(S.P설정을 위해서 평면도를 배치한다)
③ 평면도 내에 수직선을 긋는다. 수직선의 위치에 따라 좌우 벽체의 넓이가 달라진다. ①의 P.P/H.L과 만나는 점이 V.P가 된다.
④ 시각 45°내에 평면도가 배치될 수 있도록 ③의 수직선상에 S.P를 설정한다.
⑤ ①의 P.P/H.L에서 1.5m 아래에 G.L을 긋는다.(사람의 평균 눈높이가 1.5m이다)
⑥ 화면에 접한 벽체의 입면도를 G.L상에서 부터 흐리게 그린다.
⑦ 화면에 접한 벽체의 길이(여기서는 4m 벽체)의 3~4배를 V.P에서 부터 P.P/H.L상에 설정한다. 이것이 R.V.P이다.(왼쪽으로 설정했을 경우는 L.V.P)
⑧ 기준벽 모서리에서 R.V.P로 투시선을 긋는다.
⑨ V.P에서 벽 모서리선을 긋는다. R.V.P쪽은 ⑧의 투시선과 만나는 점 A. B가 생기게 된다.
⑩ A와 B. 기준벽 모서리를 연결하면 마주보이는 벽체가 완성된다.
⑪ ⑥의 입면도 G.L상에 30㎝ 눈금을 측량한다.
⑫ V.P에서 30㎝ 눈금을 지나는 선을 긋는다.
⑬ 기준벽 모서리를 아래로 연장한다.
⑭ ⑬의 연장선에 30㎝ 눈금을 벽모서리부터 측량한다.
⑮ S.P에서 부터 ⑭의 30㎝ 눈금을 지나는 선을 그으면 벽 모서리와 만나는 점 a. b. c. d. e. f. g. h. i. j. k. l이 생기게 된다.
⑯ a. b. c. d. e. f. g. h. i. j. k. l점에서 R.V.P로 향하는 투시선을 긋는다. 이렇게 하면 30㎝×30㎝ 규격의 정사각형 그리드의 투시형이 생긴다.
⑰ 그리드가 쳐 있는 바닥에 주어진 물체를 배치한다.
⑱ 배치된 물체의 바닥 모서리에서 수직선을 올려 긋는다.
⑲ 기준벽 모서리에 물체의 높이를 측량한다.
⑳ V.P에서 ⑲점을 지나는 선을 긋는다.
㉑ 물체의 바닥선을 벽모서리까지 이동시킨다.

㉒ ㉑의 선과 벽모서리가 만나는 점에서 수직선을 올려 긋는다.
㉓ ㉒선과 ㉒선이 만나는 점에서 R.V.P로 향하는 투시선을 그으면 물체의 높이가 결정된다.
㉔ 입방체 투시형을 완성한다.
㉕ 기준벽 모서리에 창문 높이를 설정한 후 R.V.P로 향한 투시선을 긋는다.
㉖ 창문 위치를 설정하고 수직선을 올려 긋는다. 이렇게 하면 창문의 형태가 완성된다.

▼ 주어진 조건의 평면도와 입면도(전개도)

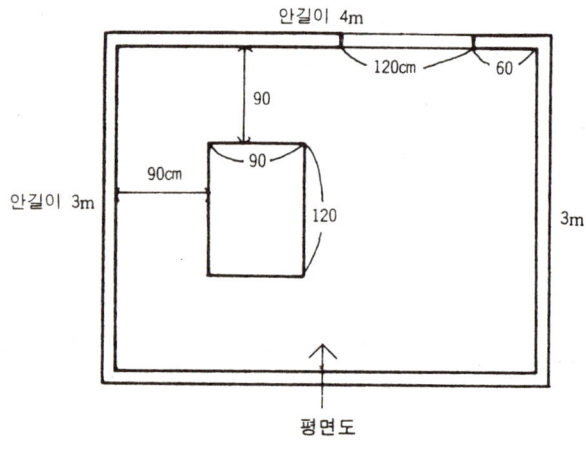

평면도

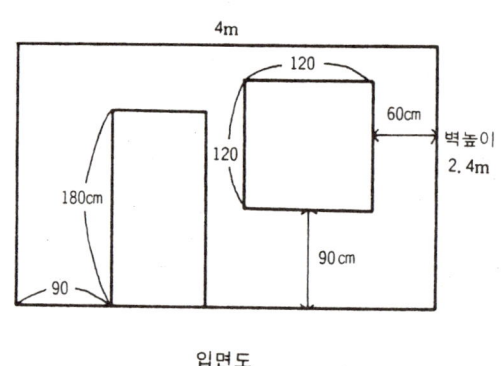

입면도

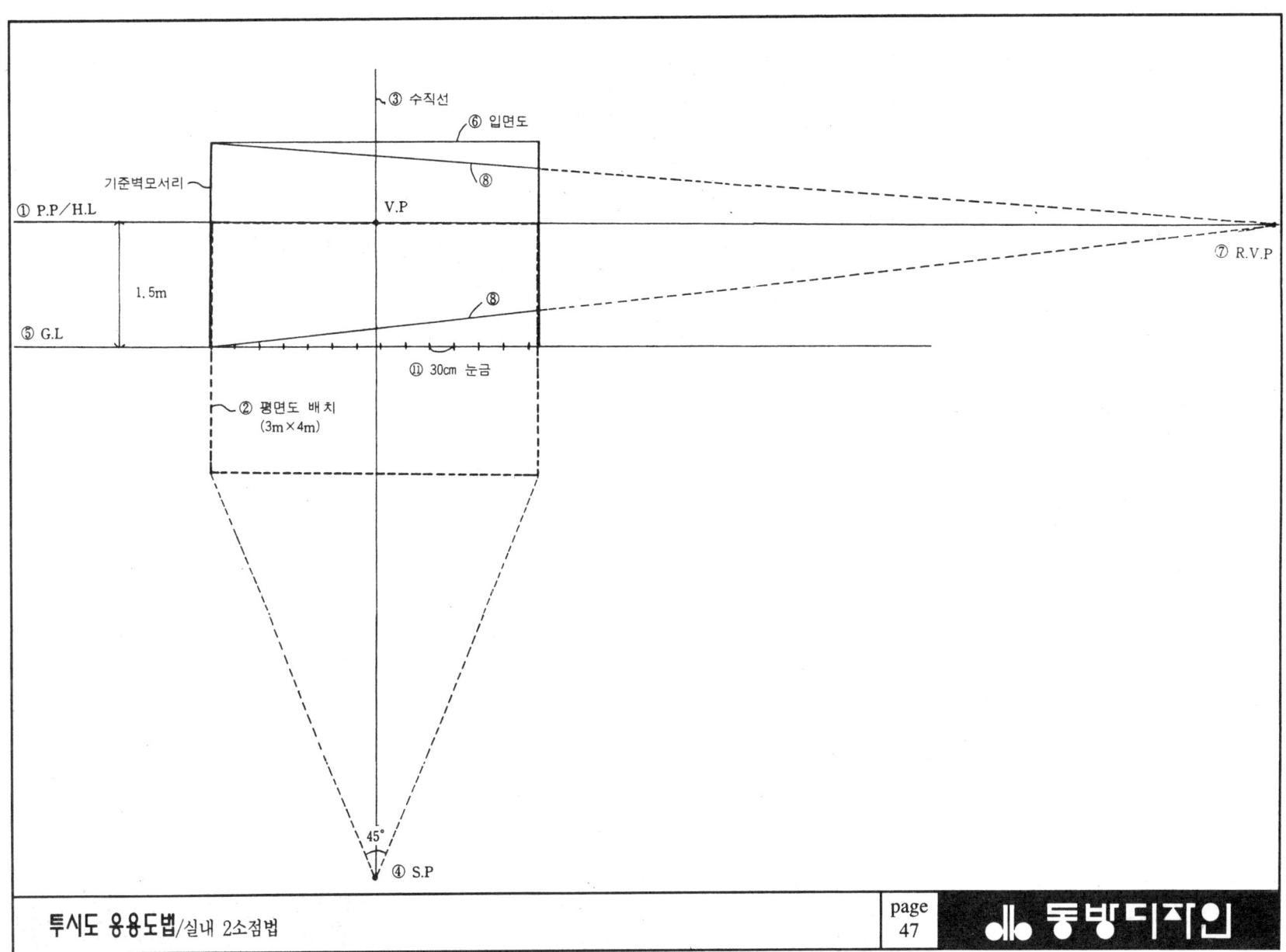

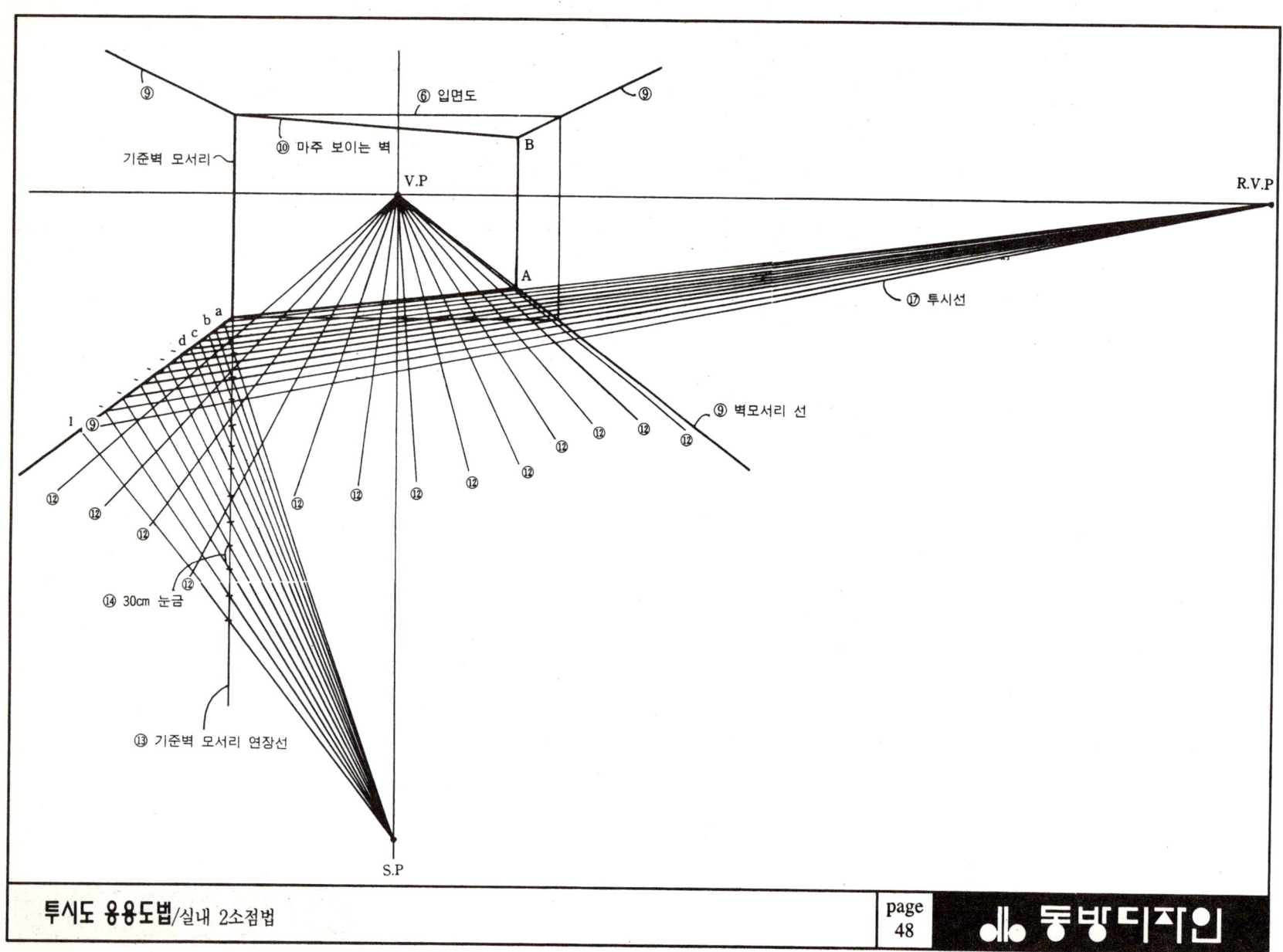

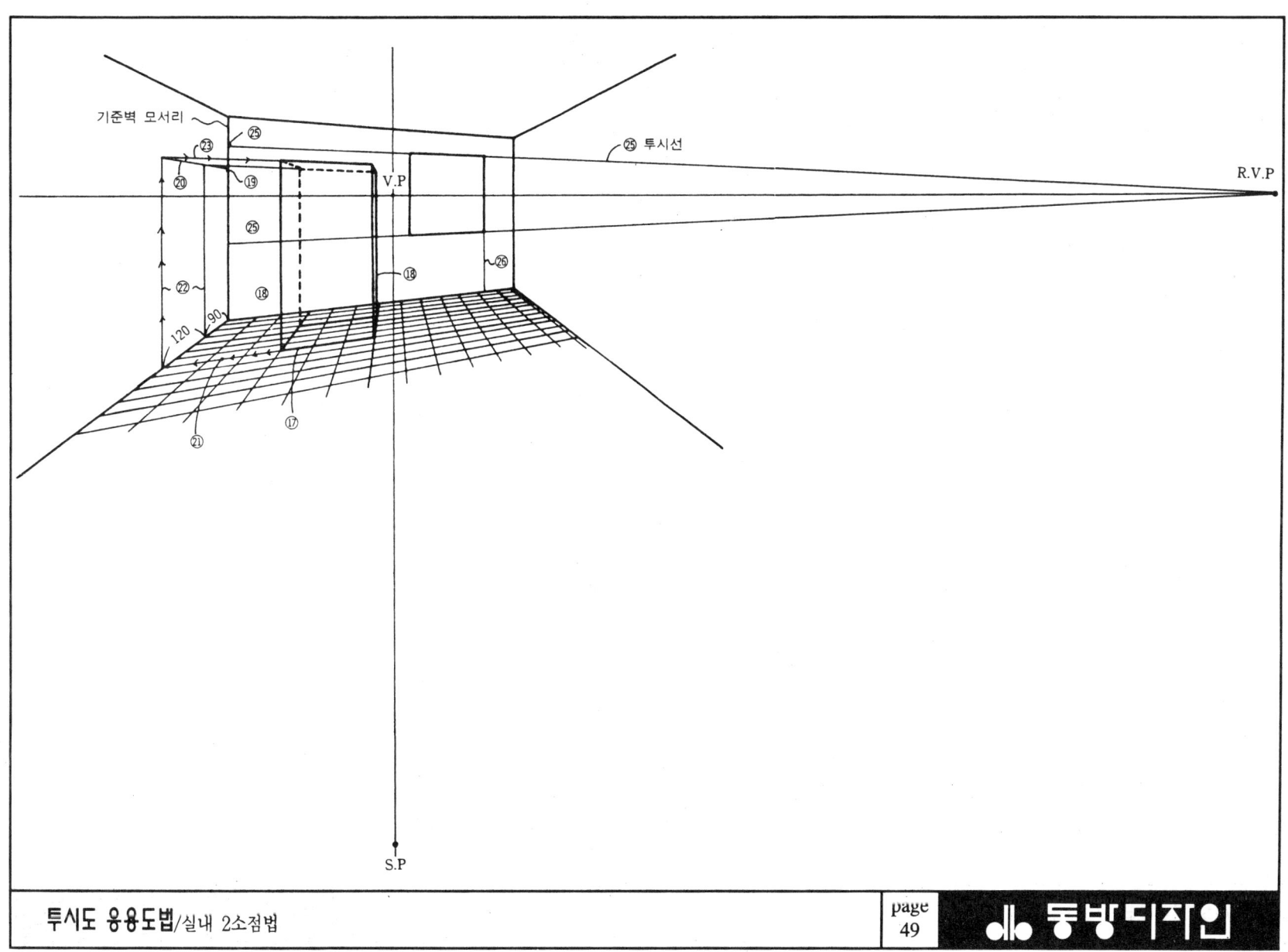

3. 실내 2소점법(측점법)

■ 30°~60°의 소실점과 측점

사각형이나 직육면체와 같이 각도로써 형성되어 있는 대상물이 PP에 대해서 30°~60°에 기울어져 배치되어 있는 경우에 정점, 소실점, 측점의 사이에는 다음과 같은 관계가 있다.

그림과 같이 삼각형 sV_1V_2는 정점 s를 직각으로 소실점 V_1과 V_2의 위치가 30°와 60°의 직각삼각형으로 되어 있다. 측점의 위치는 직각을 끼는 변의 길이 sV_1과 sV_2에 의해서 정해진다.

즉 그림에서 도해한 것과 같이 소실점간 거리 V_1V_2를 2의 치수로 한 경우에 sV_2는 1, sV_1은 $\sqrt{3}$이다. 따라서 V_1V_2를 2라고 하면 V_2M_2는 1이고 V_1M_1은 $\sqrt{3}$이 된다. 그리고 소실점간 거리 V_1V_2와 시거리도 $2:\frac{\sqrt{3}}{2}$ 의 비례관계로 되어 있다.

지금 시거리 혹은 V_1V_2사이를 사전에 알고 있다면 비례관계에서 측점 M_1과 M_2의 위치는 V_1V_2를 2라고 했을 때 V_1에서 $\sqrt{3}$의 거리에 있다. $\sqrt{3}$의 근사치 1.75를 인정한다면 M_1의 위치는 V_1에서 $1\frac{3}{4}$의 거리에 있게 된다.

■ 45°-45°의 소실점과 측점

육면체를 PP에 45°-45°로 배치된 경우의 정점, 소실점, 측점의 비례관계는 아래의 그림과 같다.

대상물이 대칭인 경우 GP를 정점 s에서 수직선 상으로 하면 구한 투시도 대칭이 된다. 일반적으로 도형을 대칭으로 그리면 입체감이 적기 때문에 대칭물이 대칭인 경우에는 30°-60°의 배치로 하든지 또는 GP의 위치를 s의 수직선상에서 중복되지 않게 이동시키는 것이 좋다.

▼ 30°~60°의 소실점과 측점

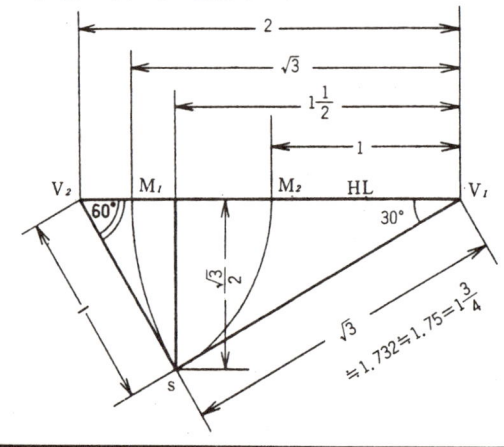

▼ 45°~45°의 소실점과 측점

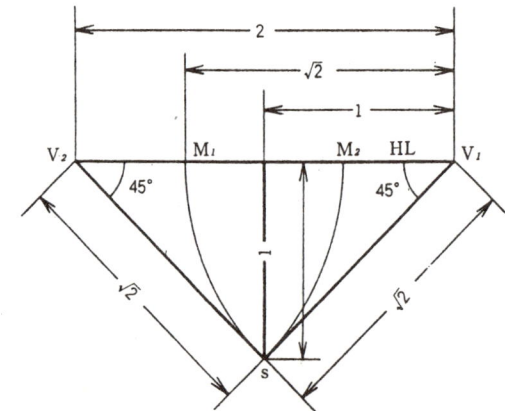

〈작도법〉
① P.P겸 H.L을 긋는다.
② 평면도를 배치한다. 화살표 방향에서 보았을 때 중심이 되는 벽모서리를 P.P/H.L에 접하도록 배치한다.
　S.P 설정 후는 필요하지 않으므로 흐리게 그린다. 여기서는 왼쪽벽이 3m, 오른쪽 벽이 3.9m가 되도록 배치한다.
③ 수직선을 평면도 모서리를 지나도록 내려 긋는다.
④ 배치된 평면도 끝이 시각 45°내에 들어오도록 S.P를 ③의 수직선상에 설정한다.
⑤ 배치된 평면도 각변과 평행이 되게 S.P에서 부터 P.P/H.L로 선을 그으면 만나는 점이 생기는데 이점이 소점(V.P)이다.
⑥ L.V.P에서 S.P까지의 거리를 L.V.P를 중심으로 P.P/H.L 상으로 이동시키면 만나는 점이 R.M.P가 되고, R.V.P에서 S.P까지의 거리를 R.V.P를 중심으로 P.P/H.L 상으로 이동시키면 만나는 점이 L.M.P가 되는데 이 두점이 바로 측점(Measuring Point)이다.
⑦ ①의 P.P/H.L에서 1.5m 아래에 G.L을 수평으로 긋는다.(사람의 평균 눈높이가 1.5m이다)
⑧ ③의 수직선과 ⑦의 G.L이 만나는 점에서 부터 벽체높이(기준벽 모서리)를 설정한다.
⑨ ⑧의 벽체 높이를 중심으로 L.V.P, R.V.P에서 벽체선을 긋는다.
⑩ G.L상에 30cm 눈금을 측량한다. 여기서는 평면도가 배치된 대로 왼쪽은 3m, 오른쪽은 3.9m만 측량한다.
⑪ L.M.P, R.M.P에서 30cm 눈금을 지나는 선을 ⑨의 벽모서리선까지 긋는다.
⑫ ⑪의 선과 ⑨의 벽모서리가 만나는 점을 지나는 투시선을 L.V.P와 R.V.P로 부터 그으면 격자무늬가 생기는데 규격은 30cm×30cm이다.
⑬ 그리고자 하는 물체를 그리드가 쳐 있는 바닥에 배치한다.
⑭ 배치된 물체의 각 모서리에서 수직선을 올려 긋는다.
⑮ 기준벽 모서리에 물체의 높이를 측량한다.
⑯ L.V.P에서 ⑮점을 지나는 투시선을 긋는다.
⑰ 물체의 바닥선을 벽 모서리까지 이동시킨다.
⑱ ⑰선과 바닥모서리가 만나는 점에서 수직선을 올려 긋는다.
⑲ ⑰선과 ⑱선이 만나는 점을 지나는 선을 R.V.P로 부터 긋는다.
　이렇게 하면 물체의 높이가 결정된다.
⑳ 입방체를 완성한다.
㉑ 기준벽 모서리에 창문의 높이를 측량한다.
㉒ ㉑점을 지나는 선을 R.V.P로 부터 긋는다.
㉓ 창문의 위치를 바닥 모서리선에 측량하여 수직선을 올려 긋는다. 이렇게 하면 창문의 형태가 완성된다.

▼ 주어진 조건의 평면도와 입면도(전개도)

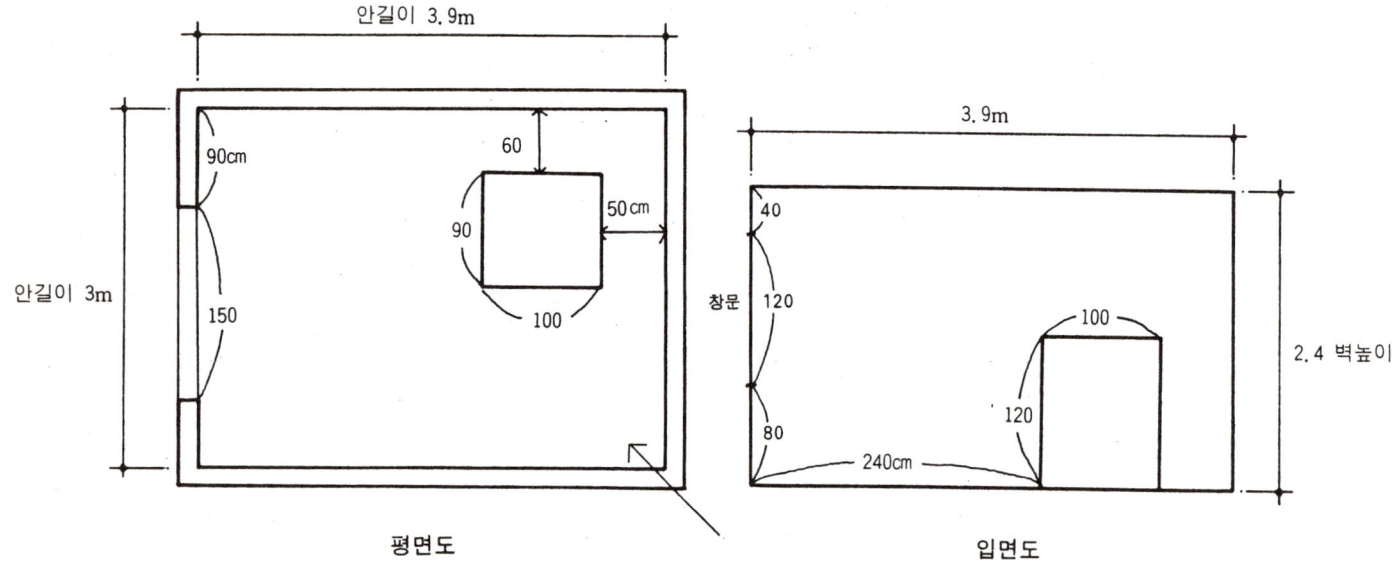

평면도   입면도

투시도 응용도법/실내 2소점법(측점법)

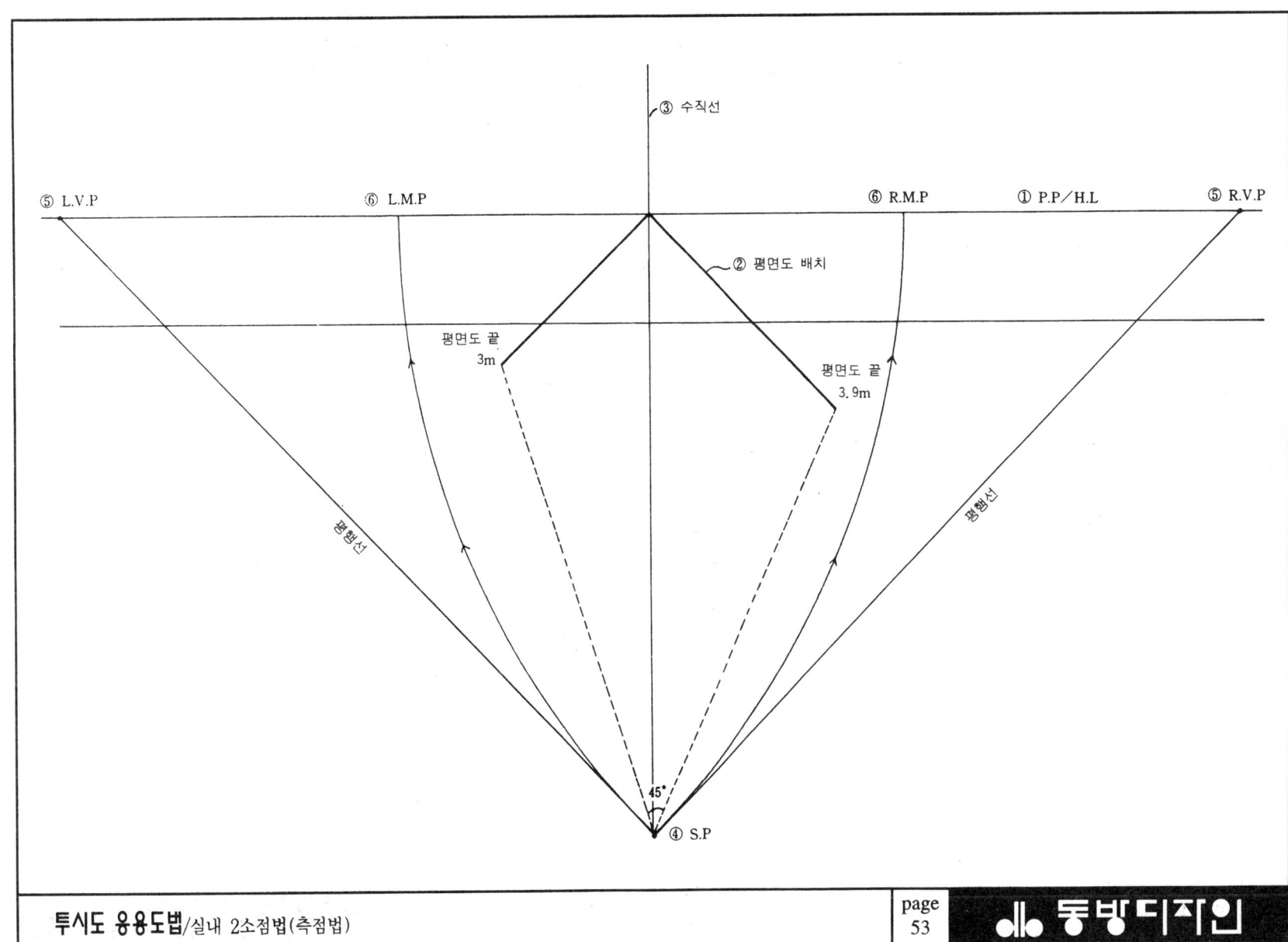

투시도 응용도법/실내 2소점법(측점법)

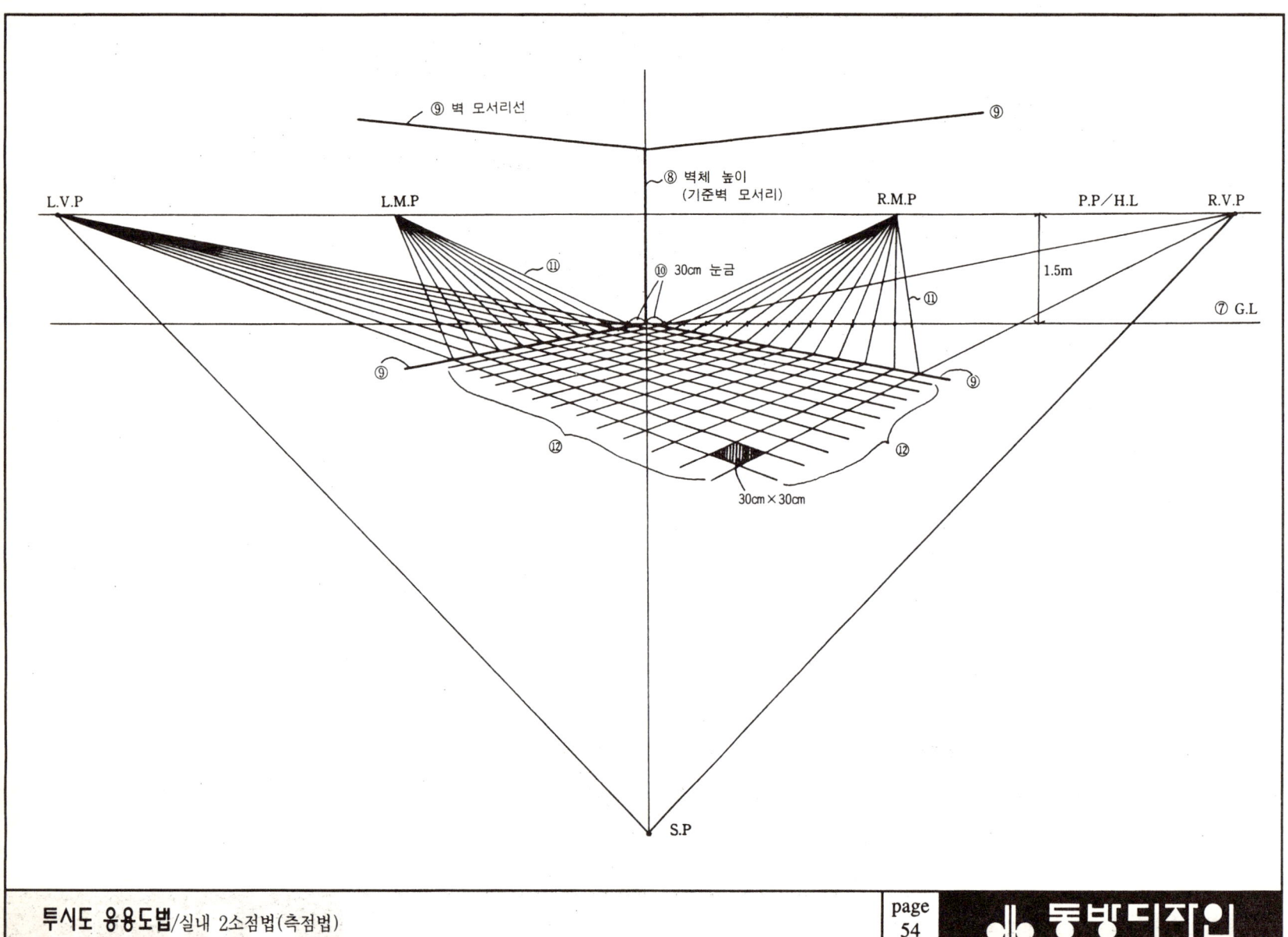

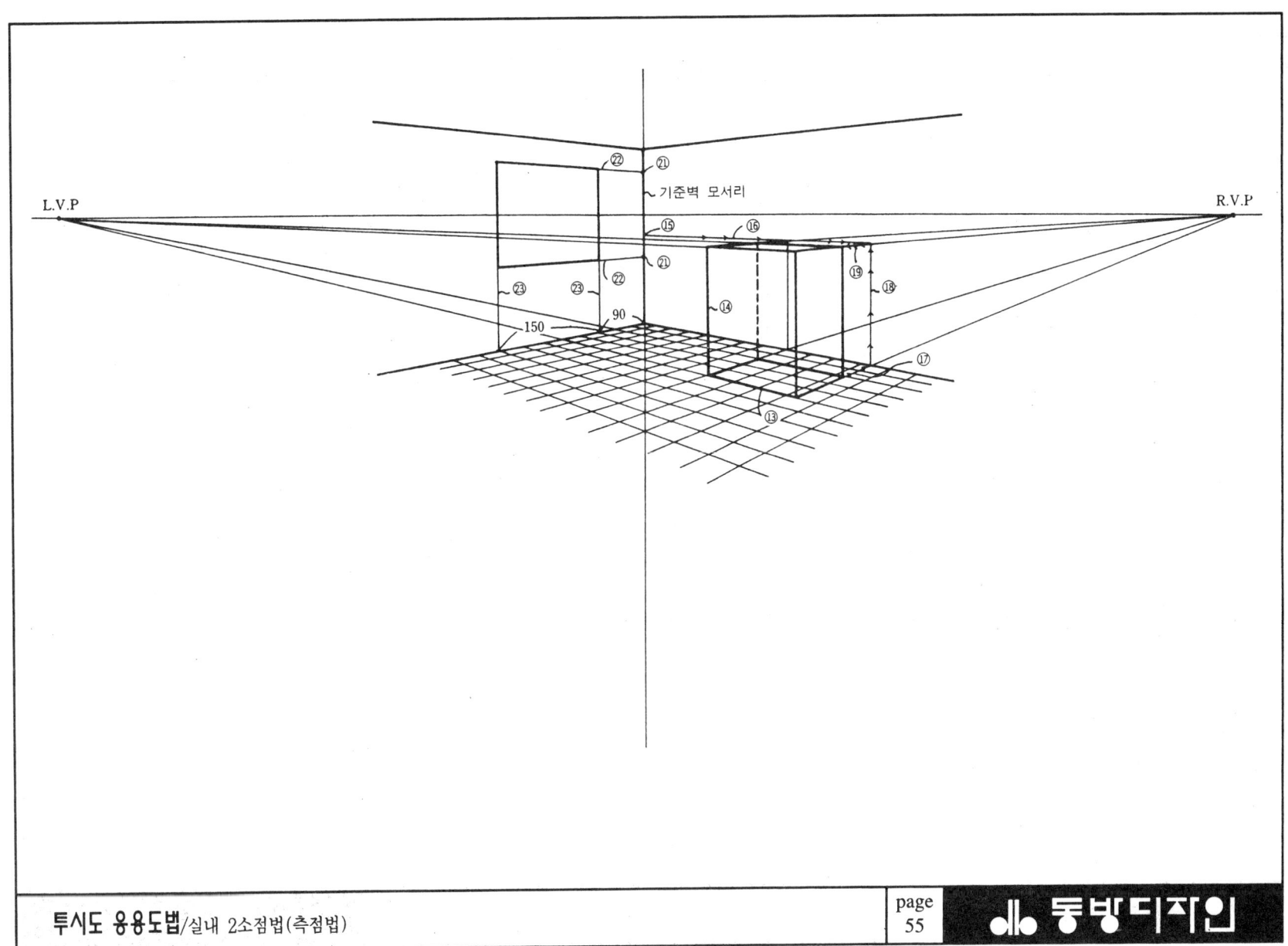

▼ 주어진 조건의 평면도와 입면도

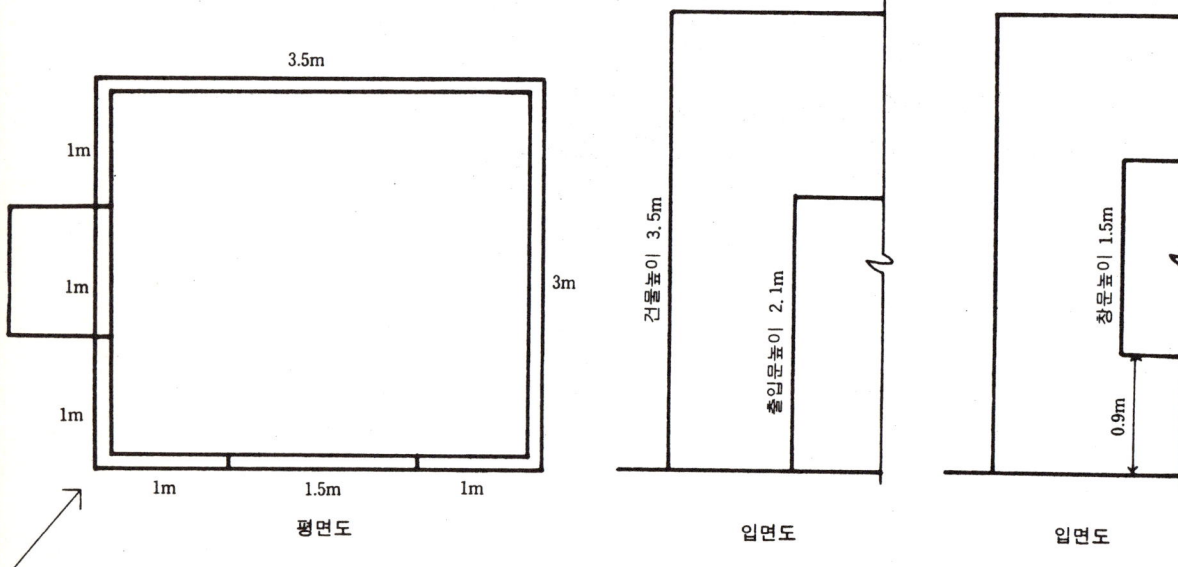

4. 외부 2소점법(측점법)

외부 투시도는 눈높이의 위치가 건물보다 높으면 조감도가 된다. 여기서는 일반 투시도의 예로 보여주었으나 조감도로 작도할 경우는 눈높이를 건물보다 훨씬 높게하고 가능한한 S.P점을 멀리 설정한다. 이렇게 하면 V.P와 M.P도 멀어져서 완만한 형태의 조감도를 얻을 수 있다.

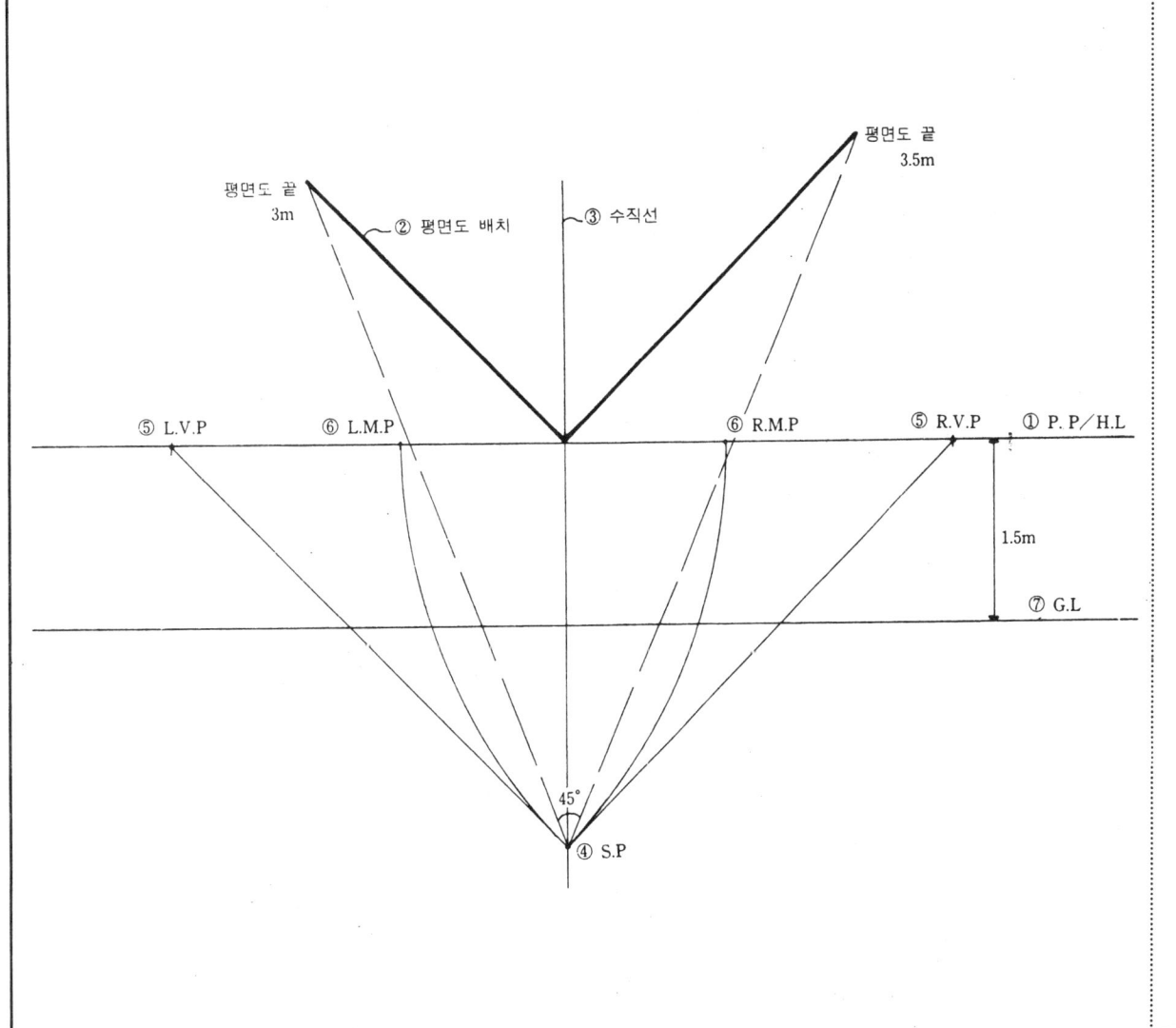

〈작도법〉
① P.P겸 H.L을 긋는다.
② 평면도를 배치하는데 모서리가 P.P/H.L상에 접하도록 한다.
③ 평면도의 모서리를 지나는 수직선을 긋는다.
④ 평면도 끝이 시각 45°내에 들어오도록 ③의 수직선상에 S.P를 설정한다. 그림에서는 점선 부분이 시각 45°를 나타낸 것이다.
⑤ S.P에서 평면도의 각변과 평행선을 그으면 P.P/H.L과 만나는 점이 L.V.P, R.V.P가 된다.
⑥ R.V.P에서 S.P까지의 거리를 R.V.P를 중심으로 하여 P.P/H.L 상으로 이동시킨 점이 L.M.P이고 L.V.P에서 S.P까지의 거리를 L.V.P를 중심으로 하여 P.P/H.L상으로 이동시킨 점이 R.M.P이다.
⑦ P.P/H.L에서 1.5m 아래에 G.L을 긋는다.(사람의 평균 눈높이가 1.5m이다)
⑧ ③의 수직선과 G.L이 만나는 점 A에서 벽체높이를 측량한다. 이 점을 B라 할 때 AB는

투시도 응용도법/외부 2소점법(측점법)

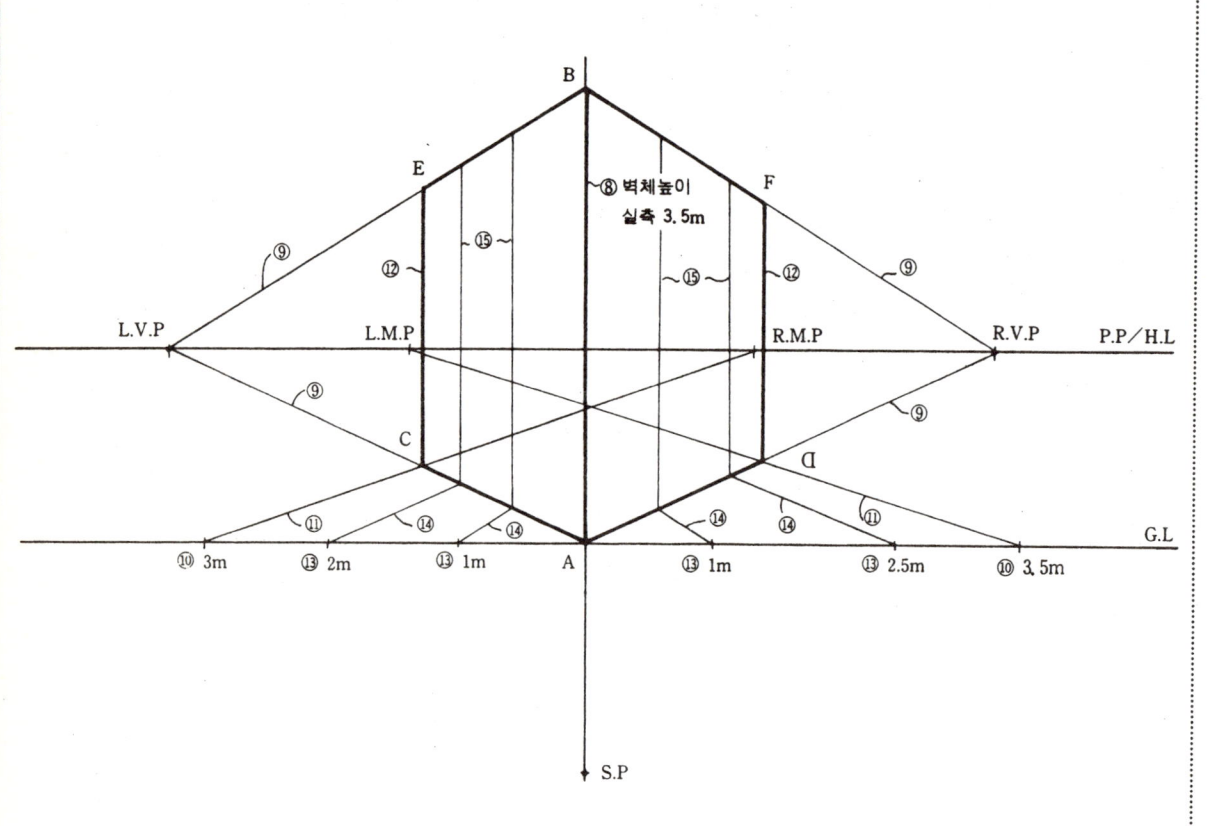

기준벽 모서리가 되며 여기서는 3.5m이다.
⑨ A와 B점에서 L.V.P와 R.V.P로 향하는 투시선을 긋는다.
⑩ 벽체의 가로, 세로 길이를 G.L상에 측량한다. 여기서는 3m와 3.5m이다.
⑪ ⑩의 측량된 점에서 L.M.P와 R.M.P로 향하는 선을 그으면 ⑨의 선과의 교점 C, D가 생긴다.
⑫ C와 D에서 수직선을 그어 교점 E, F를 만들고 A, B, C, D, E, F를 그림과 같이 연결하면 건물의 외곽형태가 완성된다..
⑬ 출입문과 창문의 위치를 G.L상에 측량한다.
⑭ ⑬에서 측량된 점을 L.M.P와 R.M.P로 향하는 선을 긋는다.
⑮ ⑭의 선이 선 AC와 선 AD와 만난 점에서 수직선을 올려 긋는다.

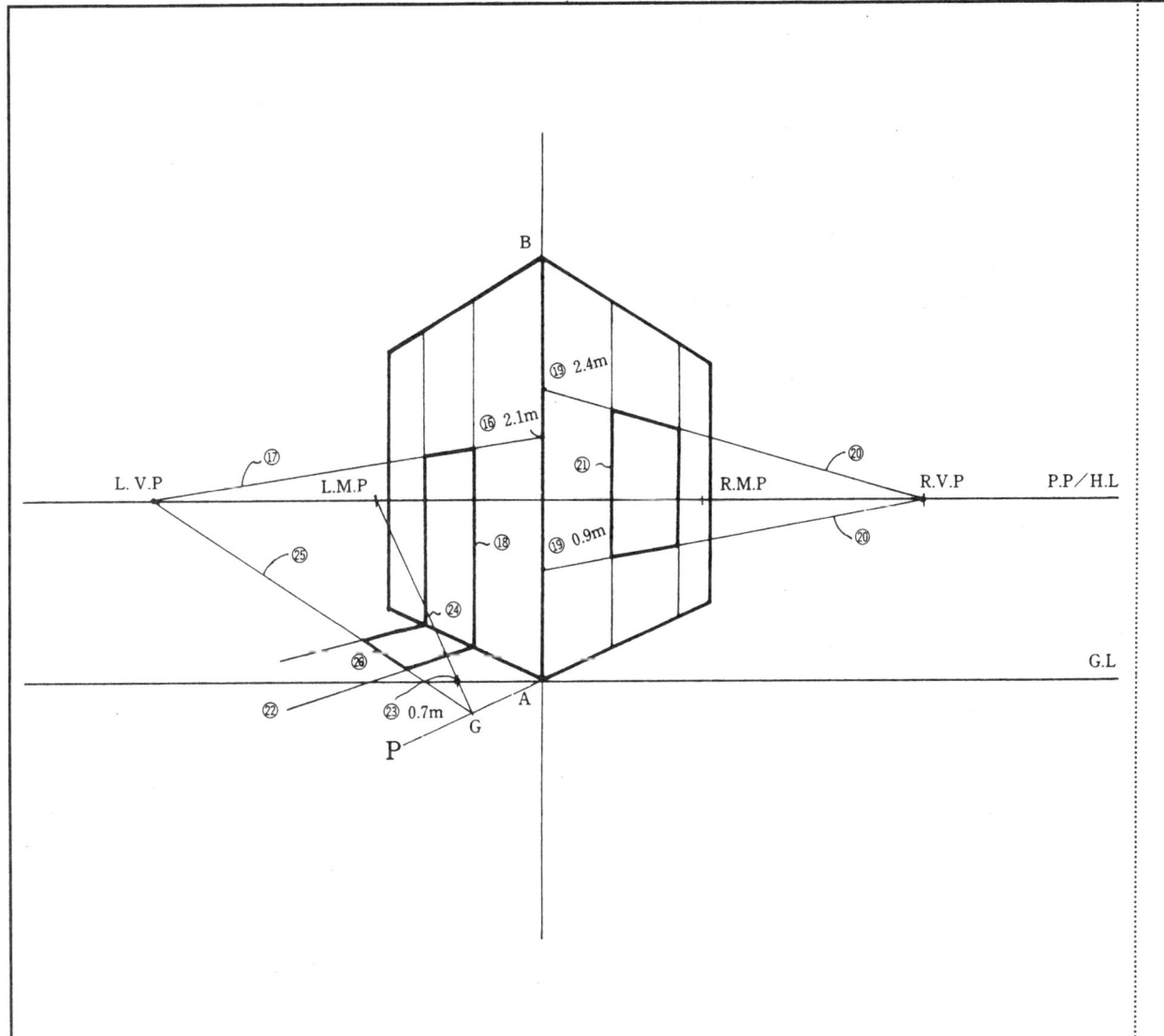

⑯ 기준벽 모서리선 AB상에 출입문의 높이를 측량한다.
⑰ ⑯의 점에서 L.V.P로 향하는 투시선을 긋는다.
⑱ ⑮의 선과 ⑰의 선이 이루는 사각형이 출입문이 된다.
⑲ 창틀과 창문의 높이를 측량한다.
⑳ ⑲의 점에서 R.V.P로 향하는 투시선을 긋는다.
㉑ ⑮의 선과 ⑳의 선이 이루는 사각형이 창문이 된다.
㉒ 출입문 하부를 지나는 투시선을 R.V.P에서 부터 긋는다.
㉓ 출입구 바닥(Stoop)이 나온 길이를 G.L상에 측량한다.
㉔ L.M.P와 ㉓의 점을 연결하면 P선과의 교점 G가 생기는데 이것이 출입구 바닥이 튀어나온 길이의 투시형이다.
㉕ G점을 지나는 투시선을 L.V.P로 부터 긋는다.
㉖ 출입구 바닥을 완성하면 투시도가 완성된다.

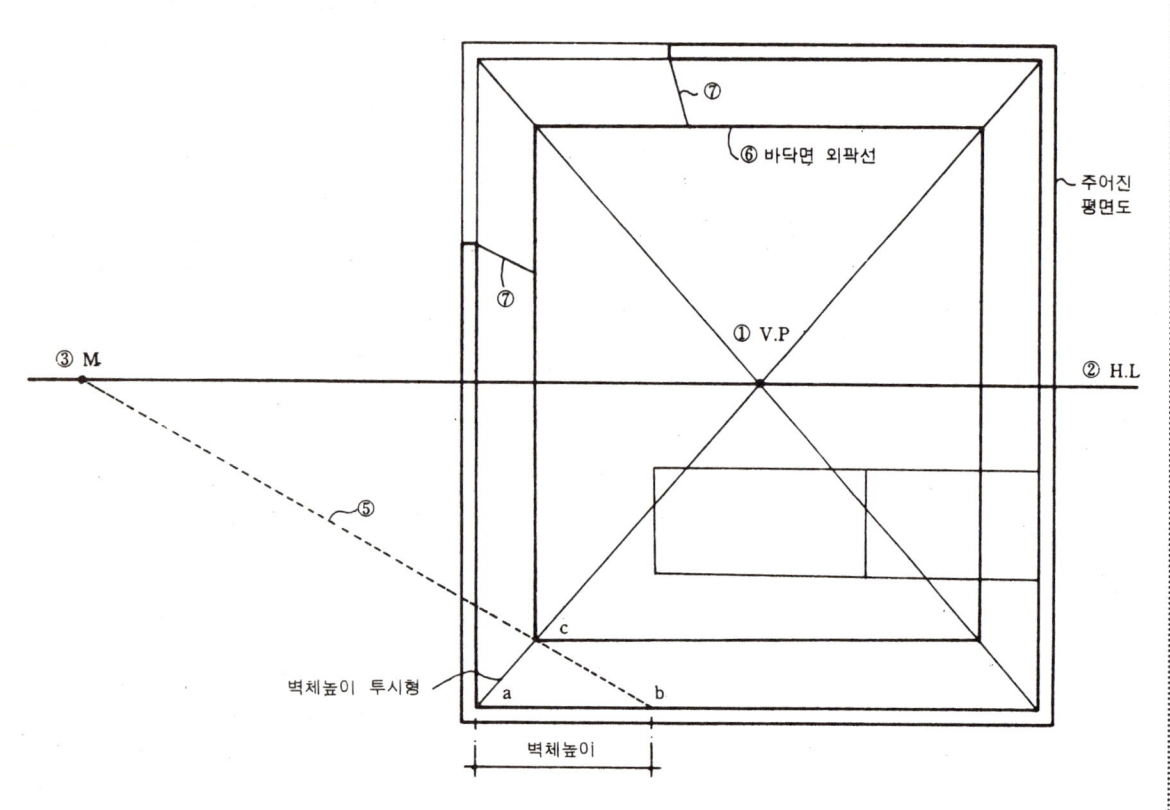

5. 부감도(BIRD'S EYE VIEW)
-1(축소법)

주어진 평면도보다 부감도를 작게 그릴 경우의 도법이다.

〈작도법〉
① 평면도내 임의 부분에 소점 (V.P)을 설정한다. 여기서는 대각선의 교점으로 하였다.
② V.P를 지나는 수평선을 긋는다. H.L과 같은 역할을 한다.
③ ②의 수평선상의 임의 부분에 M점을 설정한다. 여기서는 평면도의 긴방향 길이 만큼을 V.P에서 부터 측량하였다.
④ 평면도의 a점을 기점으로 하여 벽체높이를 실측한다.
   또는 벽체 중간을 절단하였을 경우는 절단된 높이(보통 1.8m)를 측량한다.
⑤ M점과 b점을 연결하여 a-V.P 선과 만나는 점을 c라 하면 ac가 벽체높이 투시형이 된다. c점이 바닥위치가 된다.

투시도 응용도법/부감도(축소법)

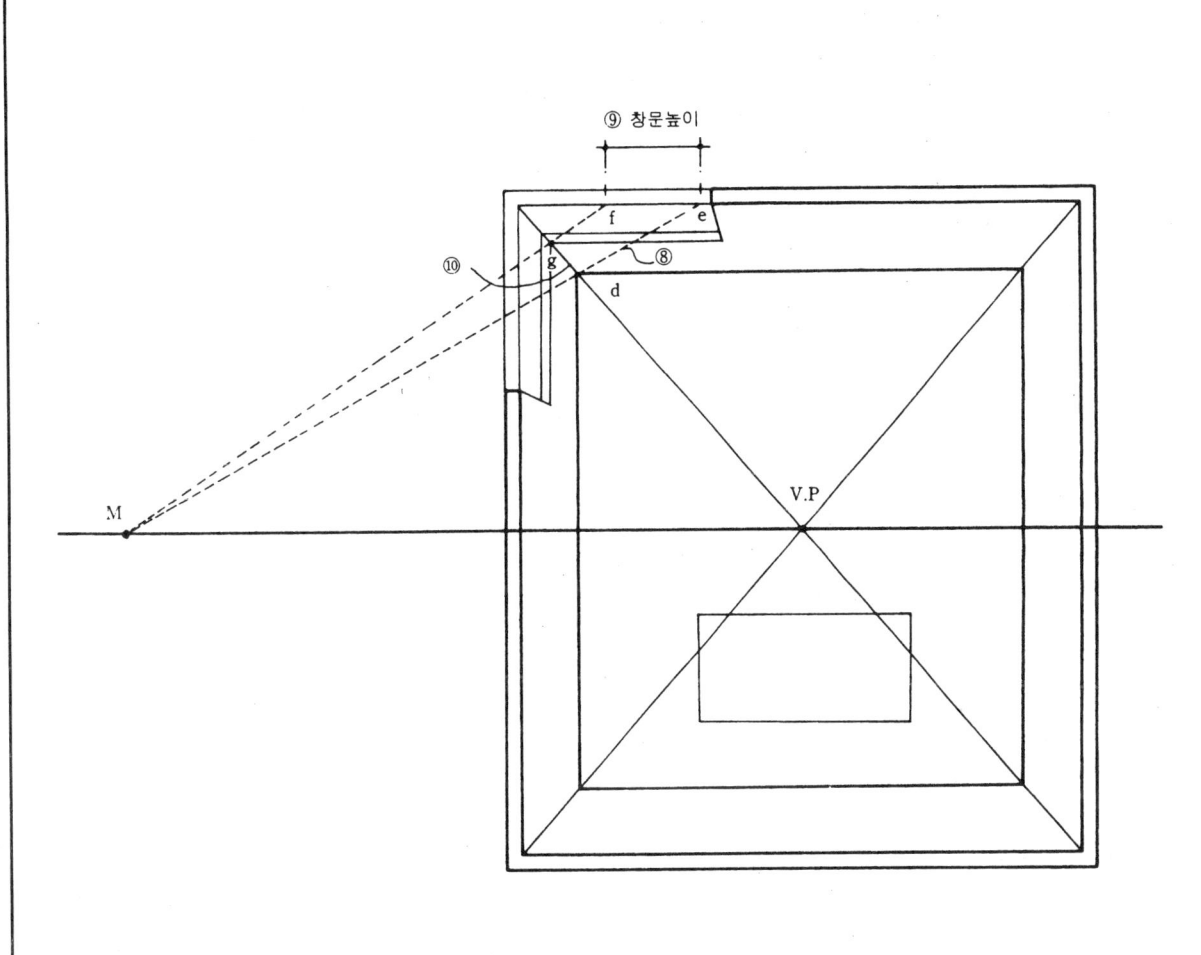

⑥ c점을 지나는 수직선과 수평선을 연결하면 바닥면이 된다.
⑦ 창문 위치를 V.P로 결집되는 투시선으로 표시한다.
⑧ 창문 높이를 설정하기 위해 d점을 지나는 선을 그어 평면도와 만나는 점을 e라 하자.
⑨ e에서부터 창문높이 f를 설정한다.(여기서는 임의로 한다)
⑩ f점과 M점을 연결하면 d를 지나는 투시선과 만나게 되는데 이점을 g라 하면 dg가 바닥에서 부터의 창문높이가 된다.

투시도 응용도법/부감도(축소법)

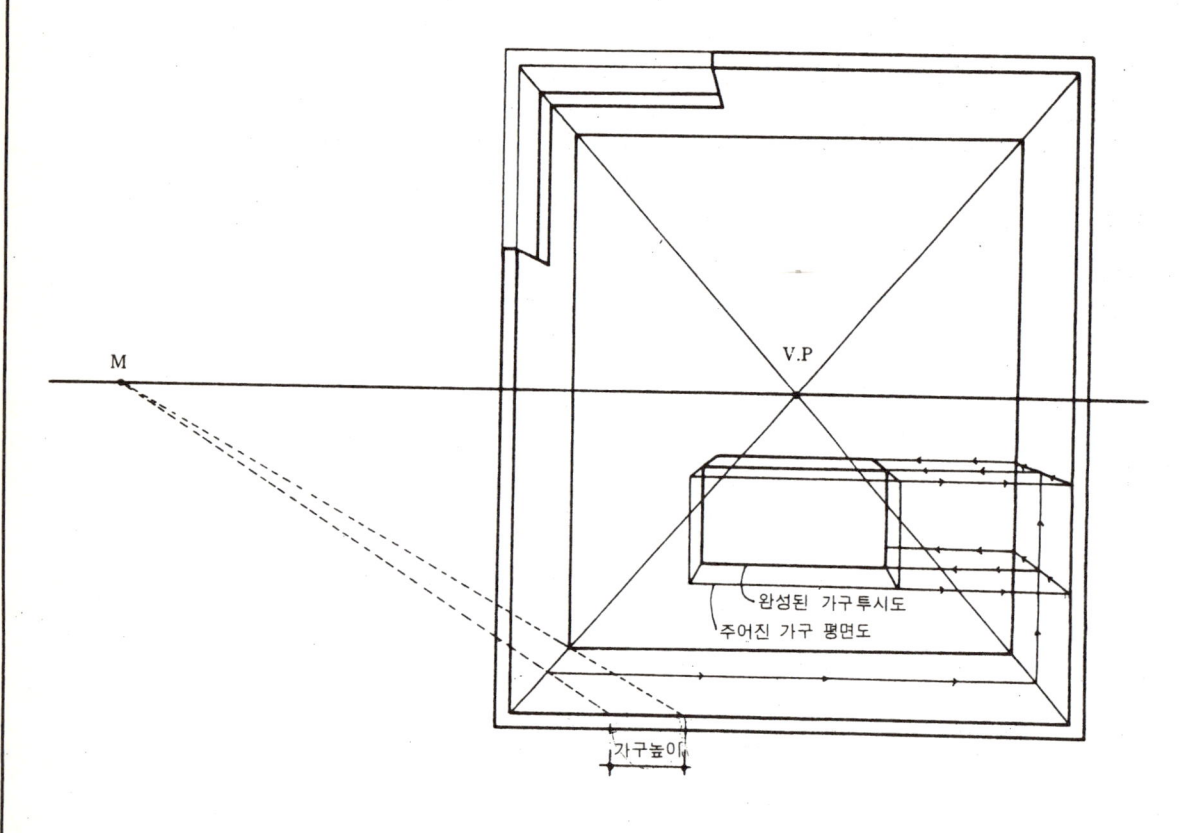

⑪ 가구의 높이 표현도 벽쪽으로 이동시킨 후 창문높이 구하는 방법과 마찬가지로 구하면 된다.
이 도법은 1소점투시도를 이해한 후면 쉽게 작도할 수 있다.

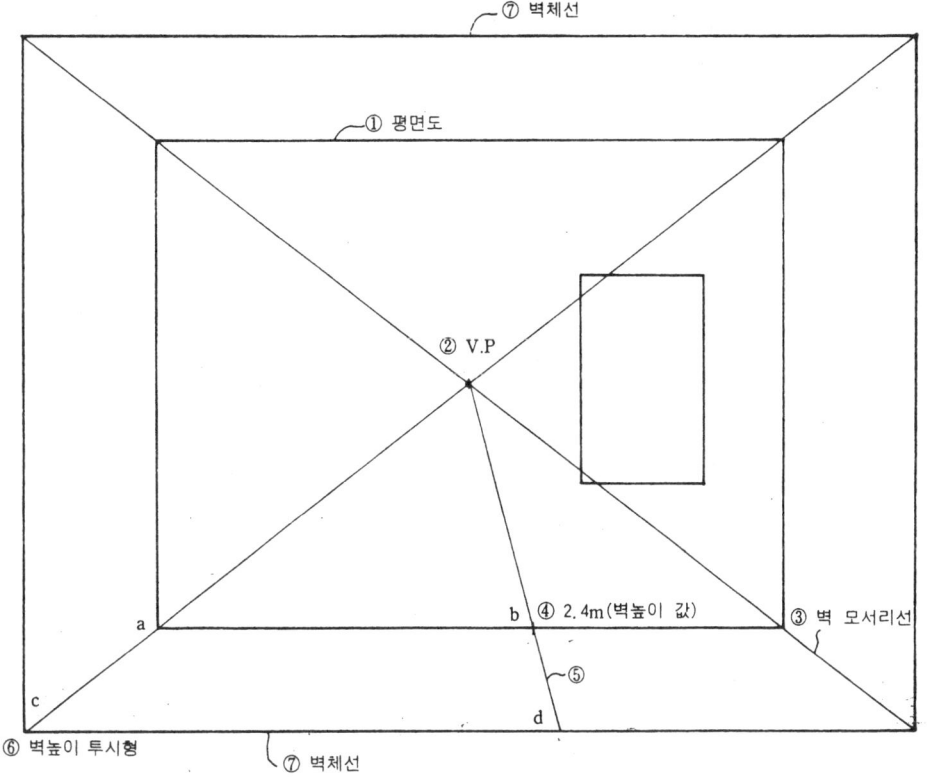

6. 부감도(BIRD'S EYE VIEW)
-2(확대법)

주어진 평면도 보다 부감도를 크게 그릴 경우이다.

〈작도법〉
① 평면도를 그리거나 평면도 위에 트레이싱지를 덮는다.
② 평면도내의 임의부분에 V.P를 설정한다(여기서는 대각선을 그어 대각선교점을 V.P로 하였다)
③ 평면도의 모서리를 지나는 선을 V.P로 부터 긋는다.
이것이 벽 모서리선이 된다.
④ 벽체높이를 측량하기 위해 평면도의 한 변에 측량한다.
선 ab가 벽체높이를 측량한 선이다. 주택의 경우 2.4m가 일반적이나, 벽을 절단한 표현을 하고자 할 때는 1.8m로도 한다.
⑤ V.P로 부터 b점을 지나는 투시선을 긋는다.
⑥ 선 ab를 한변으로 하는 정사각형 투시형을 눈대중으로 측량하여 c점을 설정한다. 선 ac는 벽체높이의 투시형으로 실길이가 2.4m가 되는 것이다. 따라서

투시도 응용도법/부감도(확대법)

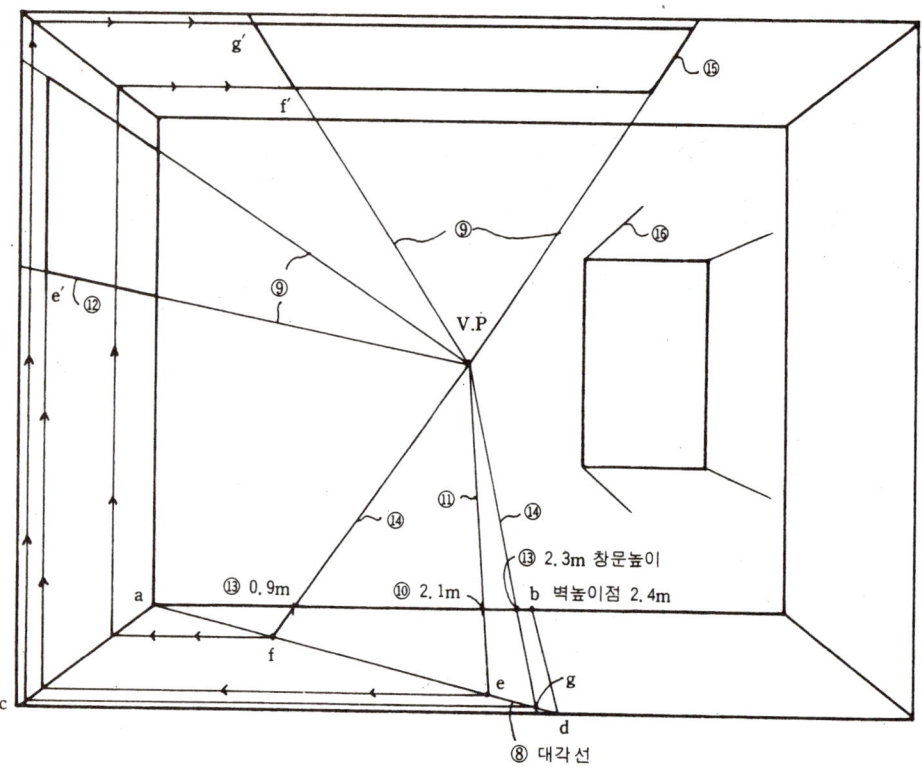

사다리꼴형 abcd는 실제로 정사각형이 된다. 초보자가 c점을 잡기가 어려울 경우 선 ab의 ⅗정도를 설정할 경우 무리가 없을 것이다.

⑦ c점을 기준으로 하여 수평으로 연결하면 벽체선이 완성된다.
⑧ a와 d점을 연결하여 사다리꼴형 abcd의 대각선이 되게 한다.
⑨ 출입문과 창문의 위치를 지나는 투시선을 V.P로 부터 긋는다.
⑩ 출입문의 높이를 선 ab상에 측량한다.(보통 2.1m)
⑪ V.P에서 부터 ⑩의 점을 지나는 투시선을 그으면 대각선과의 교점 e가 생기고 이것을 수평이동하면 ⑨의 투시선과의 교점 e′가 생긴다.
⑫ ⑨의 투시선과 ⑪의 수평선이 이루는 사각형을 완성하면 출입문이 된다.
⑬ 바닥에서 창틀까지 높이와 창문의 높이를 G.L상에 측량한다.
⑭ ⑬의 점을 지나는 투시선을 V.P로 부터 그으면 대각선과의 교점 f와 g가 생기는데 이것을 수평이동 하면 ⑨의 투시선과의

투시도 응용도법/부감도(확대법)

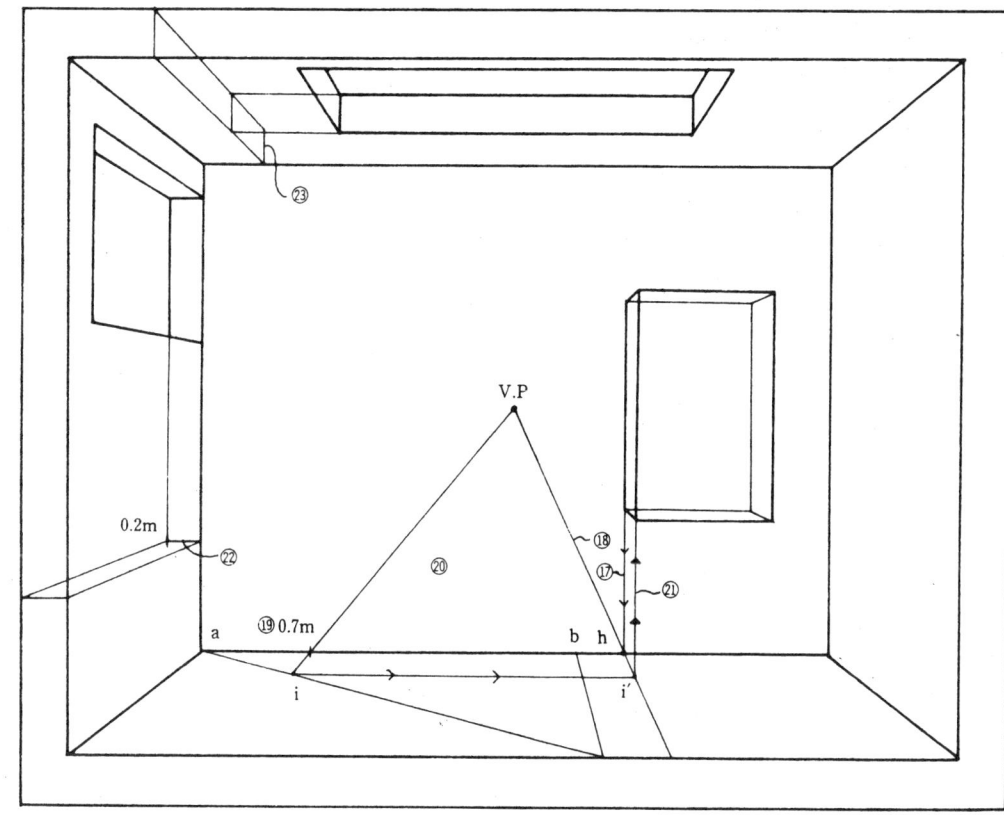

교점 f'와 g'가 생긴다.
⑮ ⑨의 투시선과 ⑭의 수평선이 이루는 사각형을 완성하면 창문이 된다.
⑯ 가구의 모서리를 지나는 투시선을 V.P로 부터 긋는다.
⑰ 가구의 바닥선을 벽체선까지 연장시켜 생기는 교점을 h라 한다.
⑱ h점을 지나는 투시선을 V.P로 부터 긋는다.
⑲ 가구의 높이를 선 ab상에 측량한다.
⑳ ⑲의 점을 지나는 투시선을 V.P 로 부터 긋고 대각선과의 교점을 i라 하고 이점을 수평이 동시켜 ⑱의 선과 만나는 점을 i'라 한다.
㉑ i'에서 ⑰의 선과 평행으로 가구쪽으로 이동시키면 ⑯의 가구 투시선과 만나는 점이 생기는데 이것을 수평으로 연결하면 가구가 완성된다.
㉒ 벽체의 두께를 바닥면에서 측량하고 V.P로 부터 투시선을 그어 그림과 같이 완성한다.
㉓ 창문바닥의 두께도 ㉒와 마찬가지로 하여 완성한다.

투시도 응용도법/부감도(확대법)

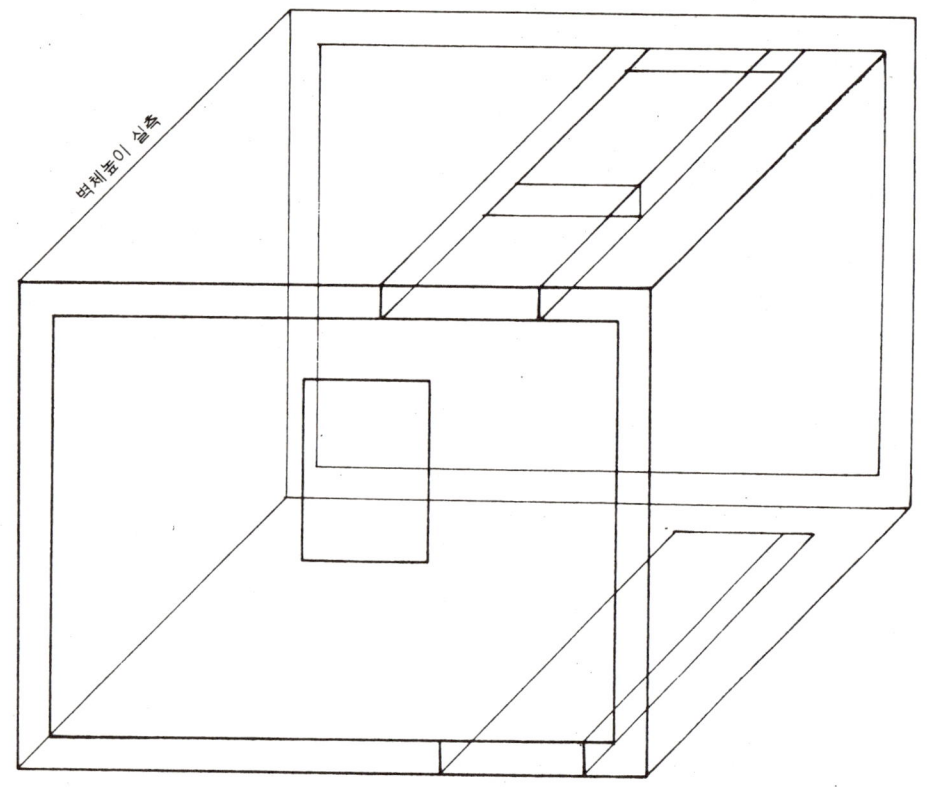

[13] 투상도법

1. 엑소노메트릭(AXONOMETRIC)

투상도는 투시도와는 달리 소점(V.P)이 존재하지 않는 것이므로 모든 선마다 축척을 사용하여 실측한다. 엑소노메트릭은 평면도의 각이 90°이고, 아이소메트릭은 평면도의 각이 60°~120°이다.
투상도가 완성된 후에는 축척(Scale)을 기입하지 않는다.

〈작도법〉
① 평면도를 그리거나 주어진 평면도에 트레이싱지를 덮는다.
② 각 모서리마다 45°사선을 그어 사선에 높이값을 실측한다.
③ 출입문과 창문을 완성한다. 출입문 높이와 창문높이도 실측한다.

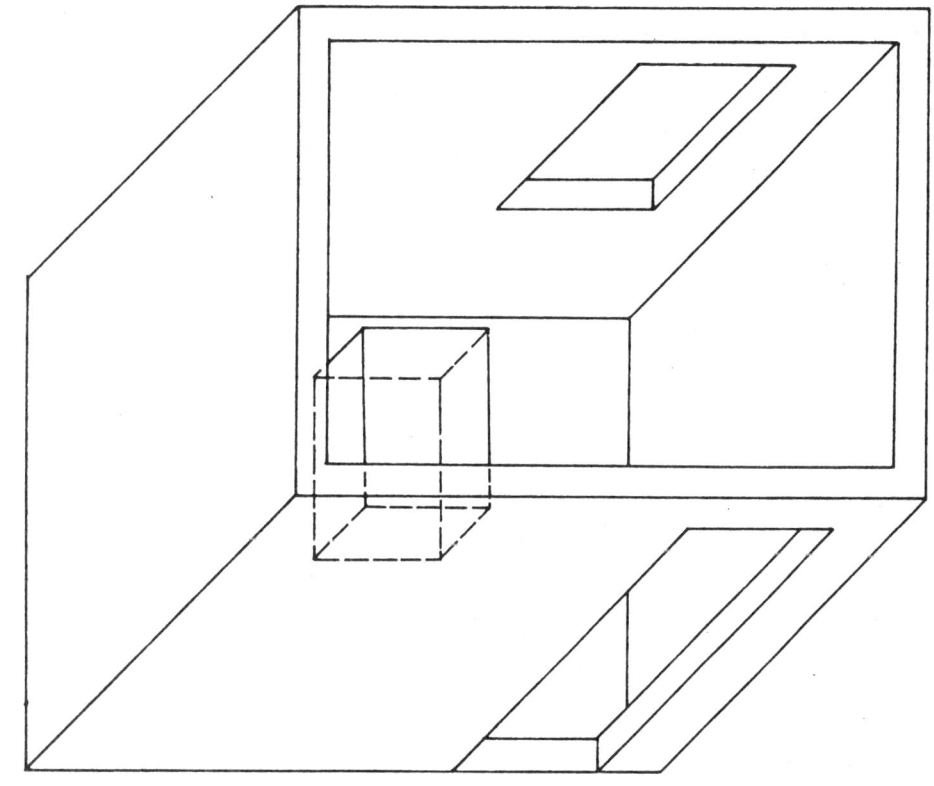

④ 보이지 않는 선은 지우고 보이는 선은 자세하게 그려 그림과 같이 완성하면 벽체가 입체적으로 나타난다.

⑤ 가구도 45° 사선을 긋고 사선에 높이값을 실측하여 완성한다. 그림에서 보는 바와 같이 앞면의 벽체가 바닥면을 너무 많이 가리고 있어 표현에 지장을 주고 있다.

바닥면의 표현을 강조하려면 벽체를 1.8m 정도의 높이에서 절단하여 그리면 된다. 앞면 외부벽을 강조할 경우는 그대로 그리면 된다.

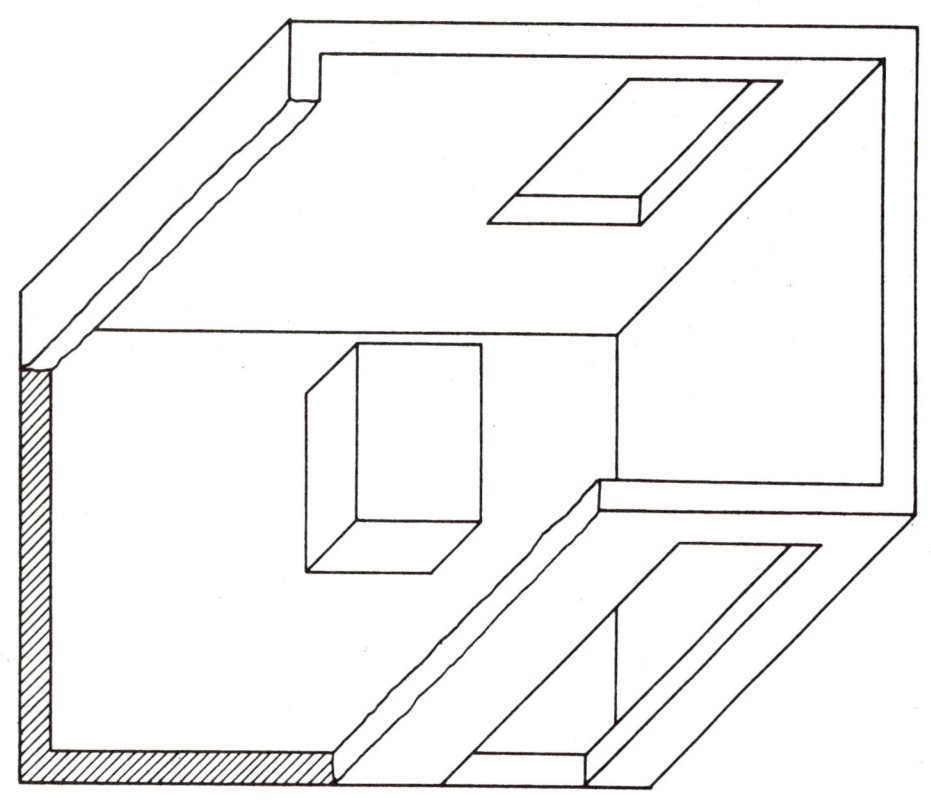

⑥ 벽체의 높이를 절단하지 않고 바닥면을 강조할 경우에 전면의 벽체를 헐어내 내부가 잘 보이도록한 표현이다.
엑소노메트릭은 가장 빨리 그릴 수 있는 입체적인 표현이나 착시의 우려가 있다.

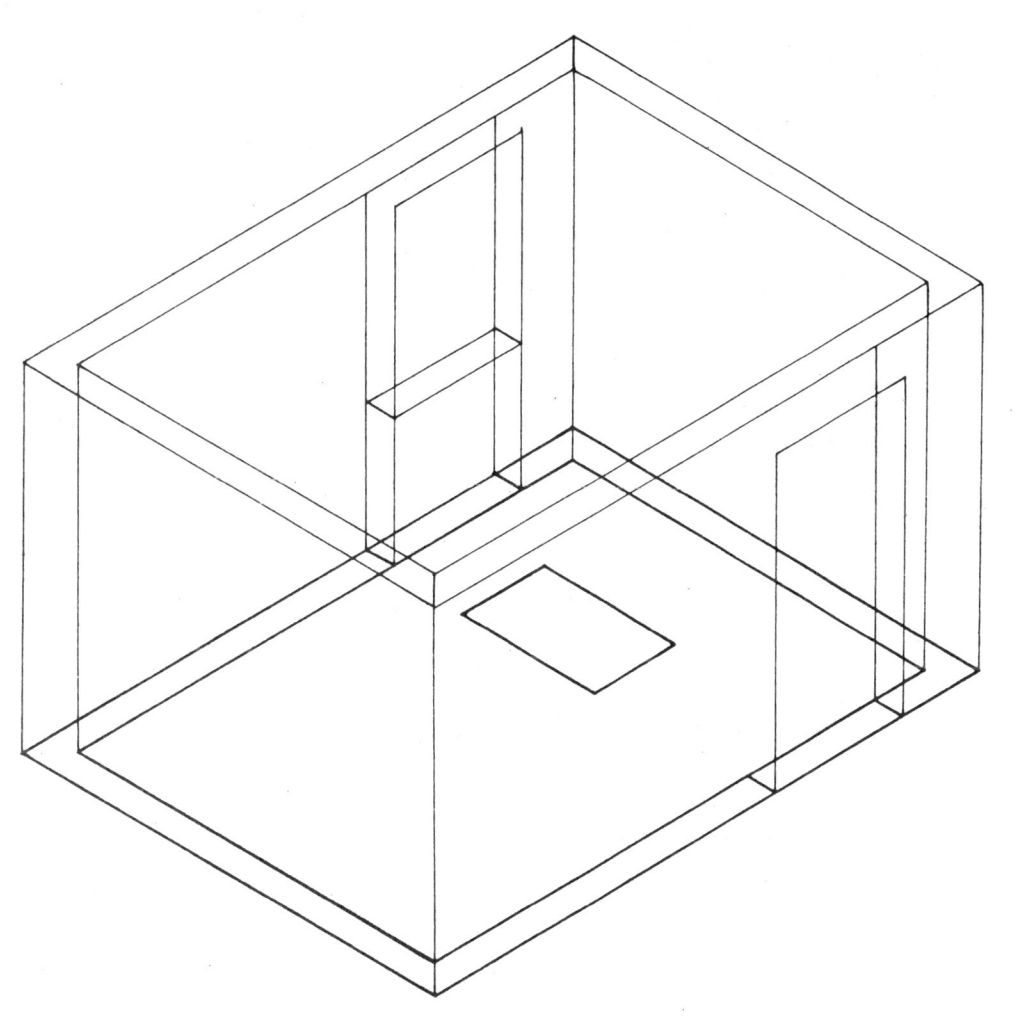

2. 아이소메트릭(ISOMETRIC)

아이소메트릭은 평면도의 각이 60°~120°를 이루고, 벽체의 높이를 수직으로 나타내 엑소노메트릭에 비해 착시의 효과가 적어 복잡한 내부를 표현할 때 자주 사용된다.

〈작도법〉
① 평면도의 각이 60°~120°가 되게 새로 그린다.
② 새로 그린 평면도를 그대로 이용하거나 평면도 위에 트레이싱지를 덮는다.
③ 각 모서리 마다 수직선을 긋고 높이값을 실측한다.
④ 출입문과 창문을 완성한다. 출입문높이와 창문높이도 실측한다.

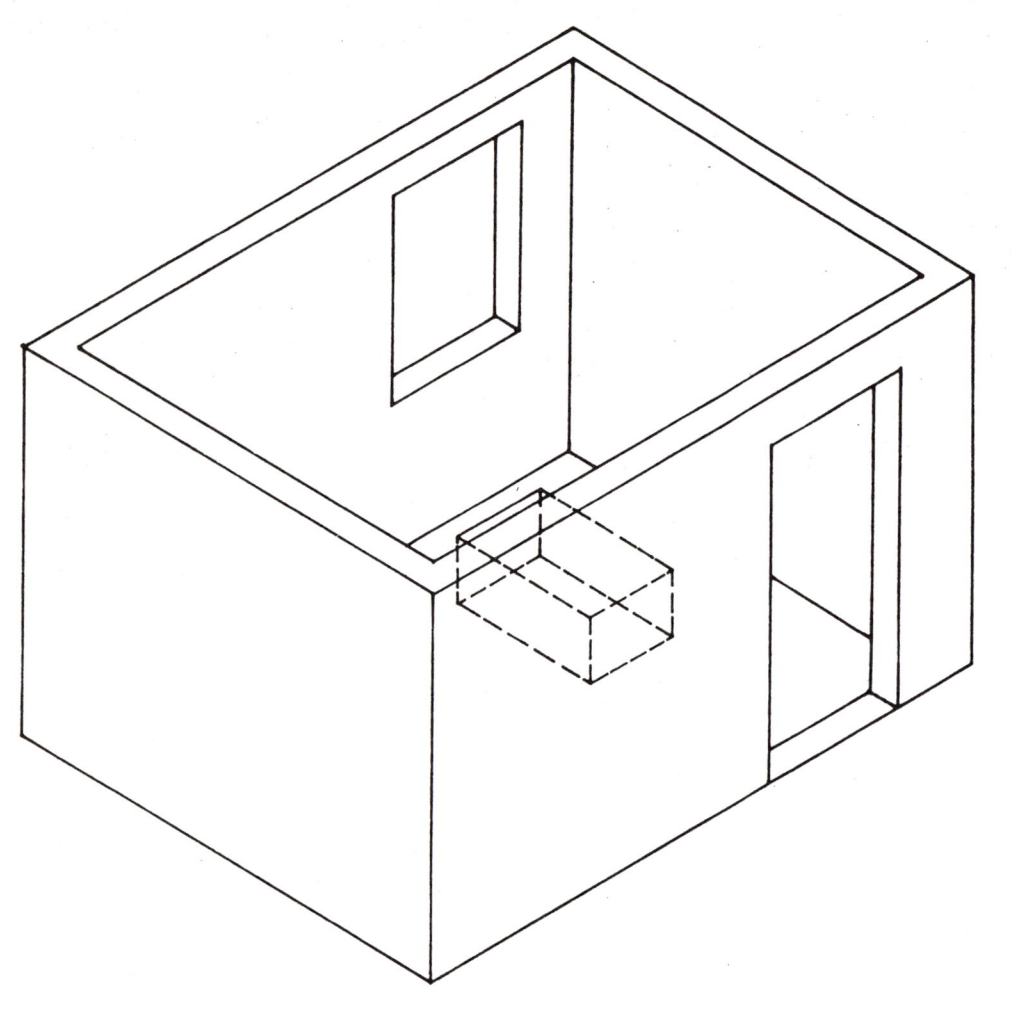

⑤ 보이지 않는 선은 지우고 보이는 선은 자세하게 그려 그림과 같이 완성하면 벽체가 입체적으로 나타난다.
⑥ 가구도 수직선을 긋고 높이값을 실측하여 완성한다.
　그림에서 보는 바와같이 앞면의 벽체가 바닥면을 너무 많이 가리고 있어 표현에 지장을 주고 있다. 바닥면의 표현을 강조하려면 벽체를 1.8m 정도의 높이에서 절단하여 그리면 된다. 앞면 외부벽을 강조할 경우는 그대로 그린다.

투상도법/아이소메트릭

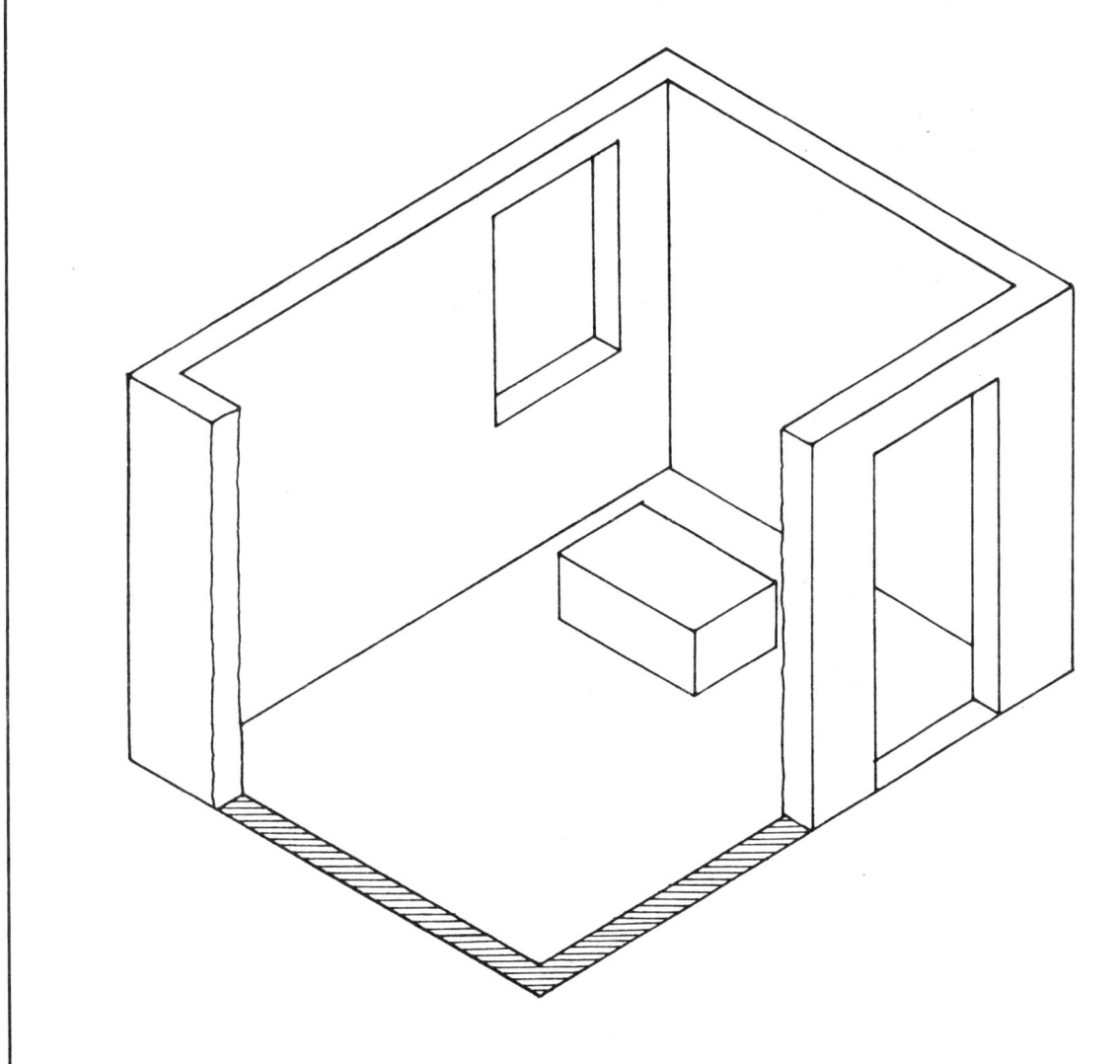

⑦ 벽체의 높이를 절단하지 않고 바닥면을 강조할 경우에 전면의 벽체를 헐어내 내부가 잘 보이도록 한 표현이다.
아이소메트릭은 아파트 내부를 전체적으로 표현하는데 자주 이용된다.

투상도법/아이소메트릭

▼ 주어진 조건의 평면도와 입면도

[14] 외부조감도

눈높이가 건물보다 높게 설정되어 옥상부분이 보이게 되는 투시도법으로 일반투시도와 구별하여 조감도(BIRD'S EYE VIEW)라 한다. 조감도는 건물의 규모가 큰 경우와 아파트단지나 공공청사, 캠퍼스 등 여러 동(棟)의 건물이 있는 경우에 주로 쓰인다. 조감도 작도시 관찰자의 위치(S.P)는 제도판이 허용되는 범위에서 가능한한 멀리 설정하여 그림이 왜곡되지 않도록 주의한다. S.P가 멀어지면 V.P, M.P도 멀어지게 된다.

다음의 예를 축척 1/40을 기준하여 작도하시오(원래 투시도에는 축척이 없음)

⟨작도법⟩
① P.P겸 H.L을 긋는다.
② 평면도를 배치하는데 모서리가 P.P/H.L상에 접하도록 한다.
③ 평면도의 모서리를 지나는 수직선을 긋는다.
④ 평면도 끝이 최소한 시각 45° 내에 들어오도록 하고 가능한한 멀리 S.P를 ③의 수직선상

외부 조감도

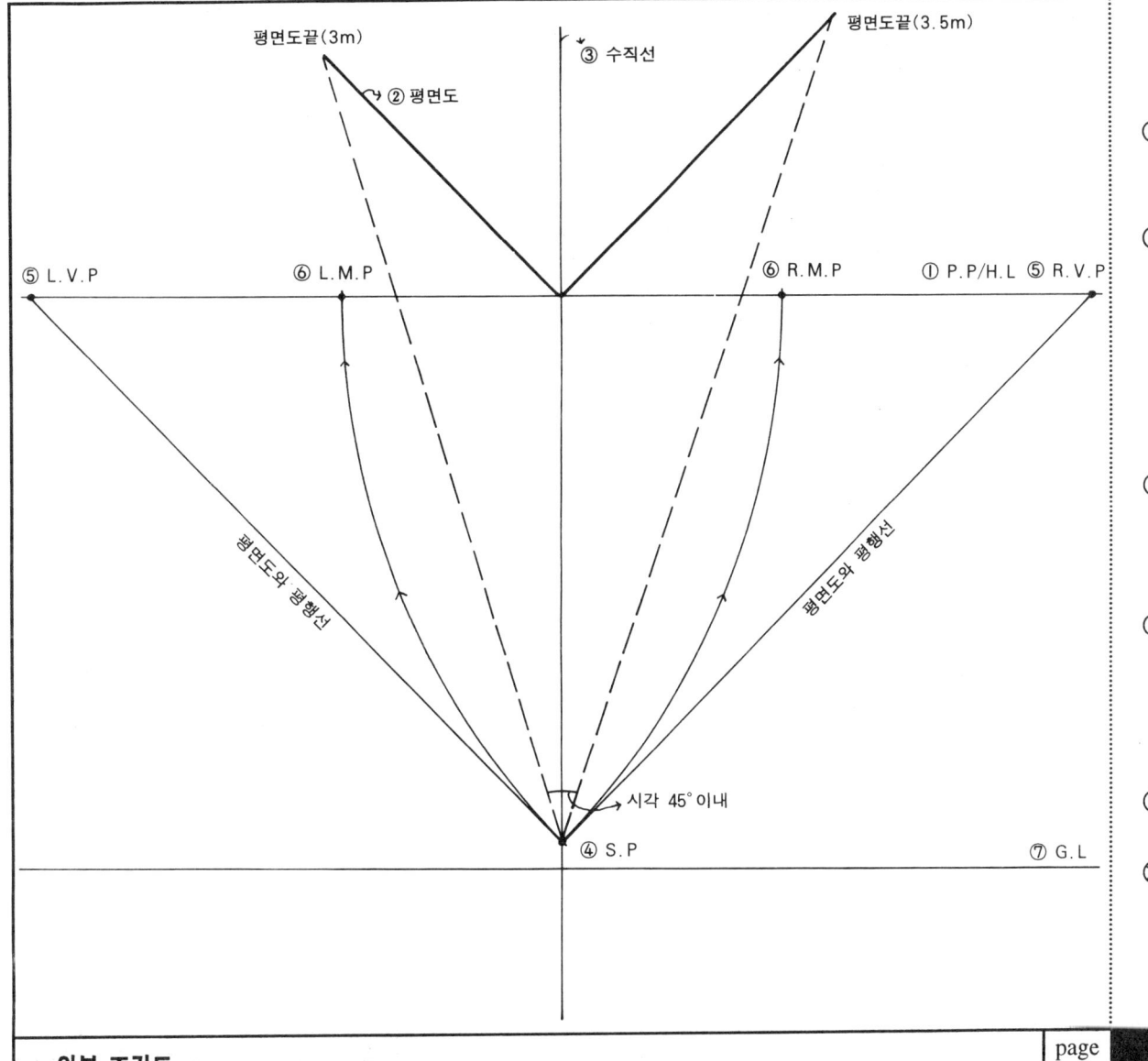

에 설정한다. 그림에서는 점선 부분이 시각을 나타낸 것이다.
⑤ S.P에서 평면도의 각변과 평행선을 그으면 P.P/H.L과 만나는 점이 L.V.P, R.V.P가 된다.
⑥ R.V.P에서 S.P까지의 거리를 R.V.P를 중심으로 하여 P.P/H.L상으로 이동시킨 점이 L.M.P이고 L.V.P에서 S.P까지의 거리를 L.V.P를 중심으로 하여 P.P/H.L상으로 이동시킨 점이 R.M.P이다.
⑦ P.P/H.L에서 건물높이보다 더 많은 치수만큼 아래에 G.L을 긋는다. 여기서는 건물높이가 3.5m이므로 5m정도로 하였다.
⑧ ③의 수직선과 G.L이 만나는 점 A에서 벽체높이를 측량한다. 이점을 B라 할 때 AB는 기준 벽 모서리가 되며 여기서는 3.5m이다.
⑨ A와 B점에서 L.V.P와 R.V.P로 향하는 투시선을 긋는다.
⑩ 벽체의 가로, 세로의 길이를 G.L상에 측량한다. 여기서는 3m와 3.5m이다.

외부 조감도

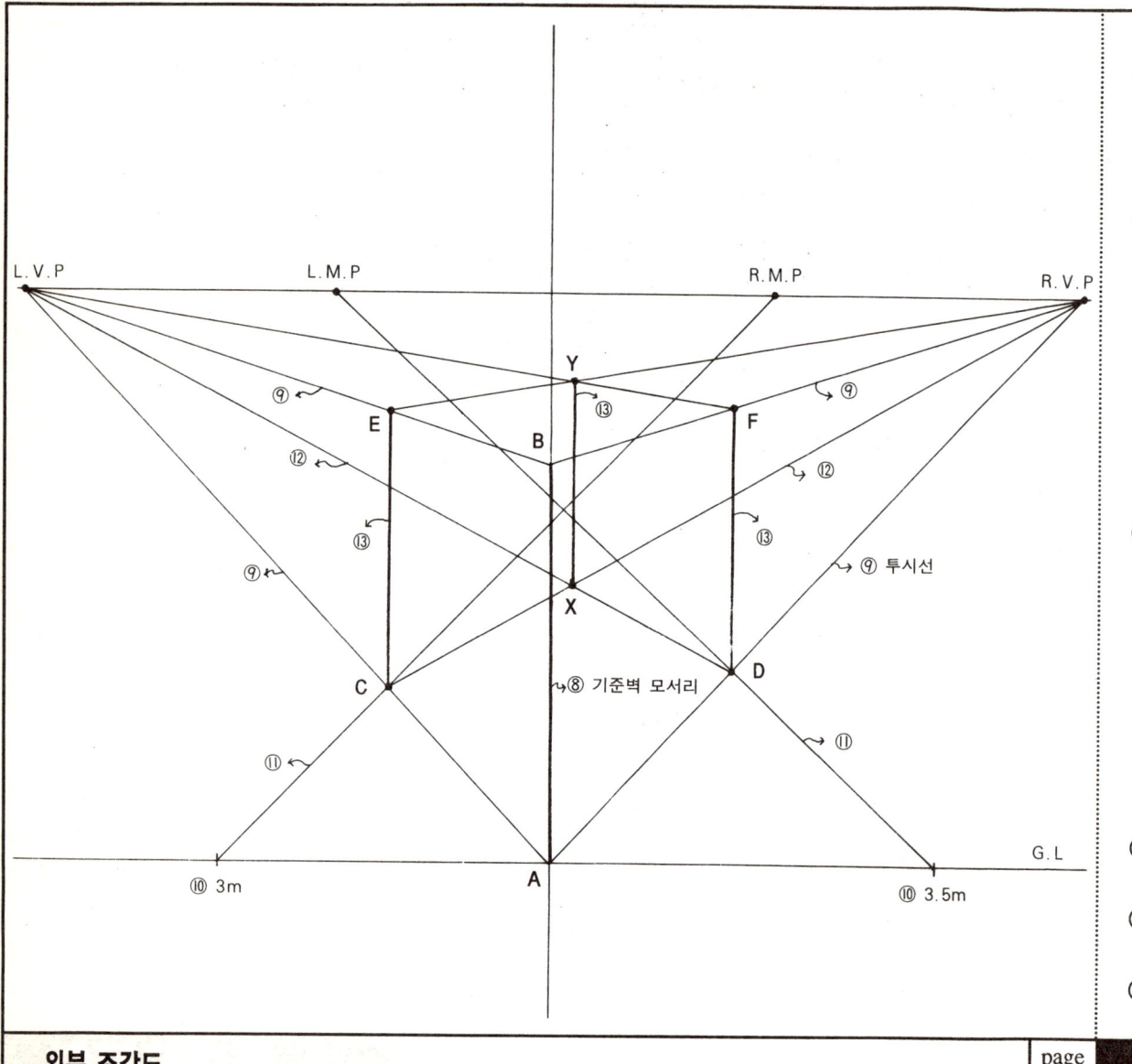

⑪ ⑩의 측량된 점에서 L.M.P와 R.M.P로 향하는 선을 그으면 ⑨의 선과의 교점 C, D가 생긴다.

⑫ C에서 R.V.P로 향하는 선을 긋고, D에서 L.V.P로 향하는 선을 그으면 이 두선의 교점 X가 생긴다. 이렇게 되면 ACDX의 사각형은 주어진 평면도의 투시형이 된다. 조감도는 평면도 투시형을 그리고, 그 위에 계단이나 옥탑 등 모든 변화되는 사항을 그린 다음 작도한다.

⑬ C와 D에서 수직선을 그어 ⑨와 교점을 E, F라 하고, E에서 R.V.P로 F에서 L.V.P로 향하는 선을 그으면 만나는 점을 Y라 할 때 EBFY는 옥상부분이 된다. 또 X에서 수직선을 그으면 Y와 만나게 된다. ⑫와 ⑬의 각 점을 연결하면 건물형태가 완성된다.

⑭ 출입문과 창문의 위치를 G.L상에 측량한다.

⑮ ⑭에서 측량된 점을 L.M.P와 R.M.P로 향하는 선을 긋는다.

⑯ ⑮의 선이 선 AC와 선 AD와

외부 조감도

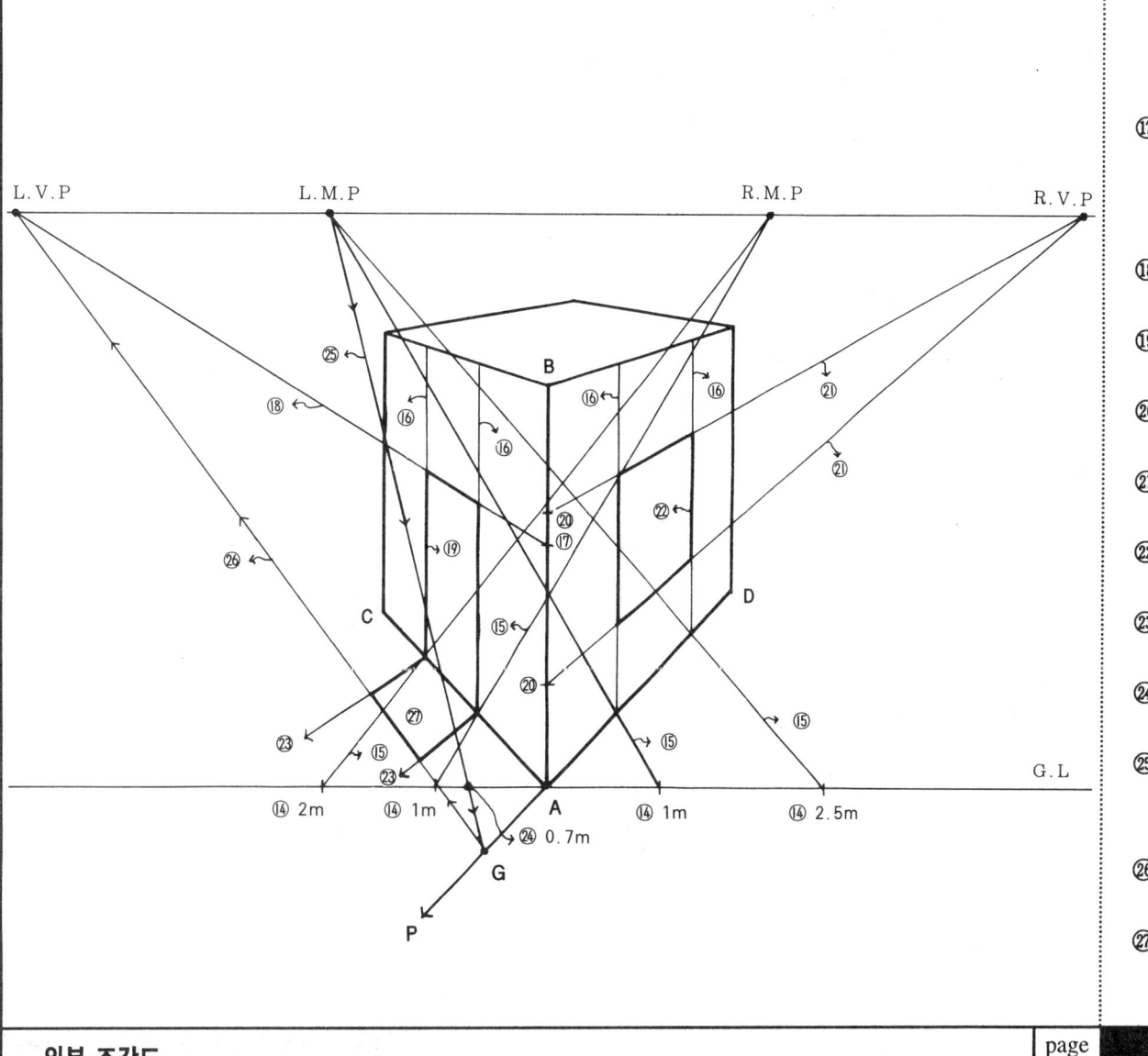

만난 점에서 수직선을 올려 긋는다.
⑰ 기준벽 모서리선 AB상에 출입문의 높이를 측량한다. 높이값에 대한 모든 측량은 이 선상에서 하는 것이다.
⑱ ⑰의 점에서 L.V.P로 향하는 투시선을 긋는다.
⑲ ⑯의 선과 ⑱의 선이 이루는 사각형이 출입문이 된다.
⑳ 창문의 높이를 기준벽 모서리 AB상에 측량한다.
㉑ ⑳의 점에서 R.V.P로 향하는 투시선을 긋는다.
㉒ ⑯의 선과 ㉑의 선이 이루는 사각형이 창문이 된다.
㉓ 출입구 하부를 지나는 투시선을 R.V.P에서 부터 긋는다.
㉔ 출입구 바닥이 나온 길이를 G.L상에 측량한다.
㉕ L.M.P에서 ㉔의 점을 지나는 선과 선 AD의 연장선 P와의 교점 G가 생긴다.
㉖ G에서 L.V.P로 향하는 투시선을 긋는다.
㉗ 출입구 바닥을 완성하면 투시도가 완성된다.

외부 조감도

▲ 1
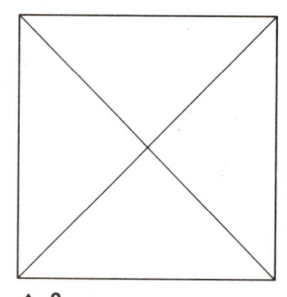
▲ 2
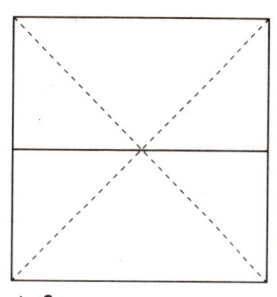
▲ 3
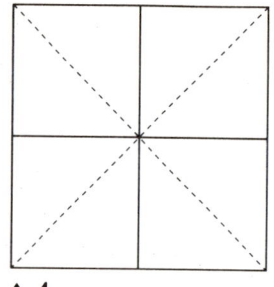
▲ 4

[15] 등분법

1. 4등분법

① 정사각형을 작도한다.
② 대각선을 긋는다.
③ 대각선의 교점을 지나는 수평선을 긋는다.
④ 대각선의 교점을 지나는 수직선을 그으면 4등분이 된다.

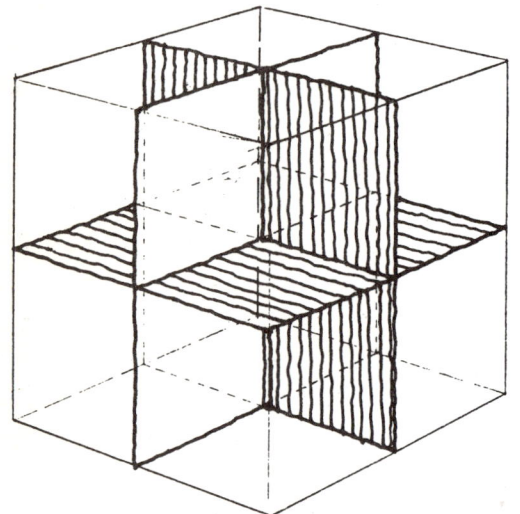
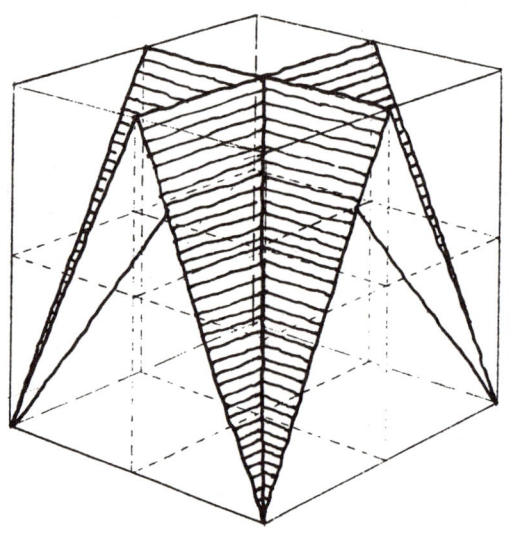

2. 9등분법

① 정사각형을그린 후 대각선을 긋고 수평선이나 수직선을 그어 2등분한다.
② 2등분된 곳에서 그림과 같이 사각형 모서리를 연결한다.
③ 사각형 모서리를 연결하면 그림과 같이 ①, ②, ③의 선이 만나는 점이 생긴다.
④ 이 점을 지나는 수평선과 수직선을 그으면 그림과 같이 9등분이 된다.

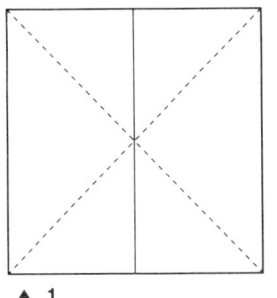
▲ 1

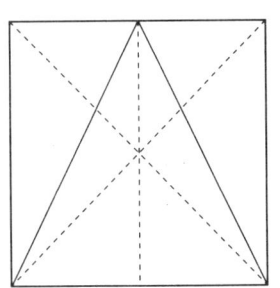
▲ 2

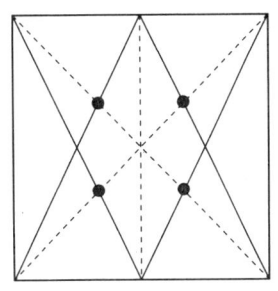
▲ 3

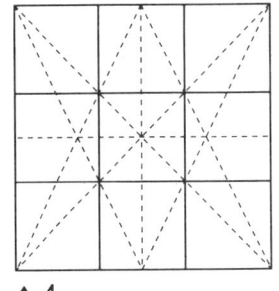
▲ 4

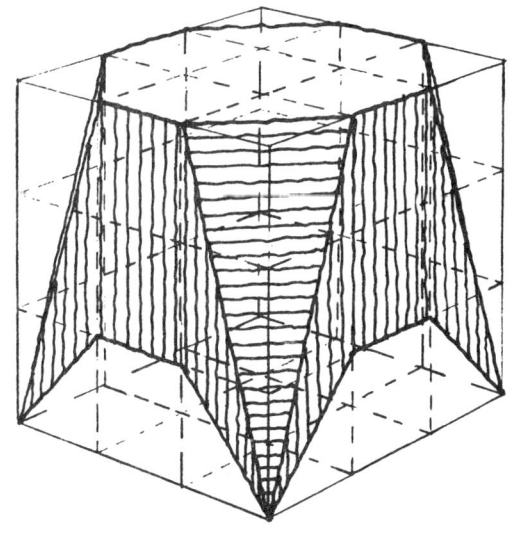

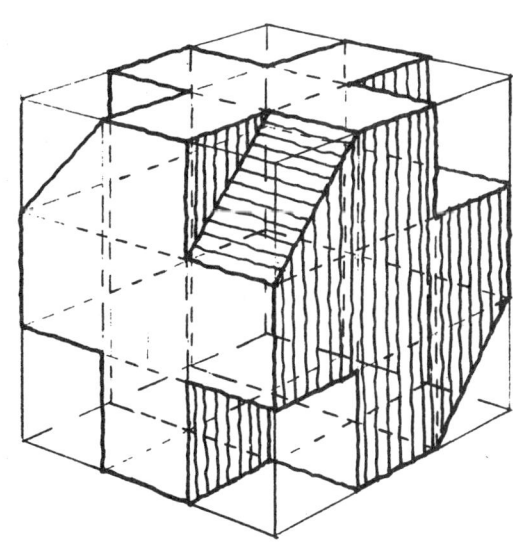

3. 16등분법
① 정사각형을 작도한 후 4등분한다.
② 4등분된 작은 정사각형의 대각선을 긋는다.
③ 작은 정사각형의 대각선의 교점을 지나는 수평선과 수직선을 긋는다.
④ ③의 선과 정사각형의 대각선이 만나는 점을 지나는 수평선과 수직선을 그으면 16등분이 된다.

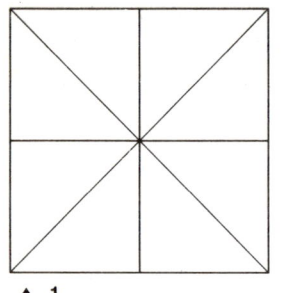
▲ 1

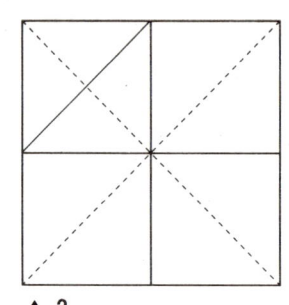
▲ 2

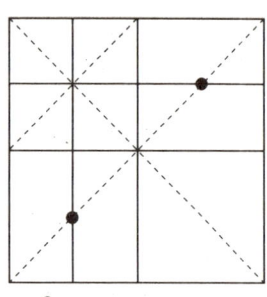
▲ 3

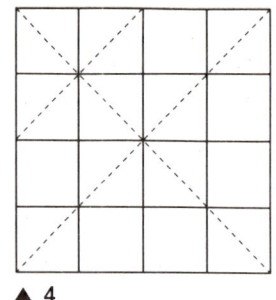
▲ 4

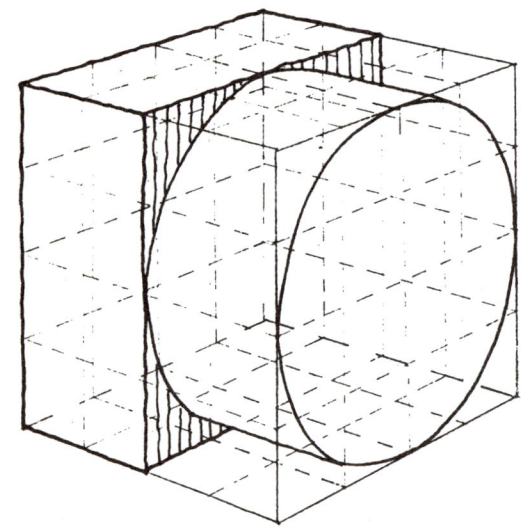

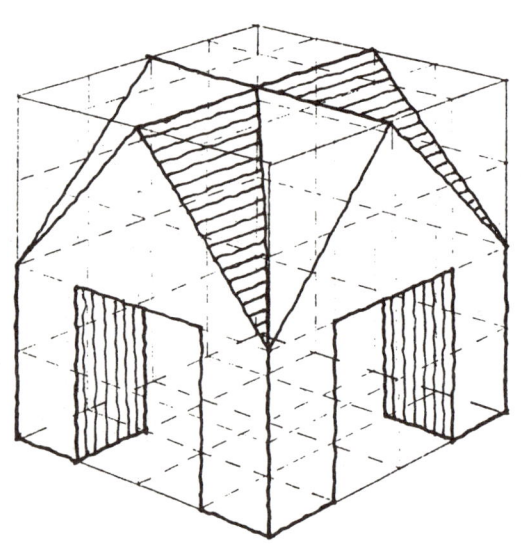

등분법 / 16등분법

4. 25등분법

① 정사각형을 4등분한다.
② 9등분법과 같은 사선을 수직 2등분된 선 끝에서 그림과 같이 긋는다.
③ 9등분법과 같은 사선을 수평 2등분된 선끝에서 그림과 같이 긋는다.
이렇게 하면 ②와 ③의 선이 만나는 점이 생긴다.
④ 이 점을 지나는 수평선과 수직선을 그으면 25등분이 된다.

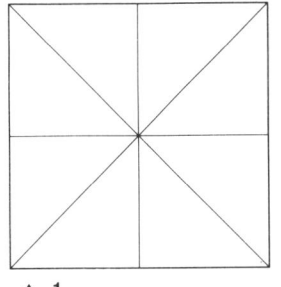
▲ 1

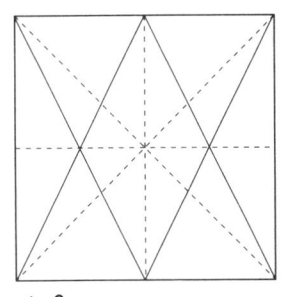
▲ 2

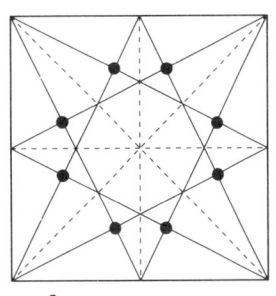
▲ 3

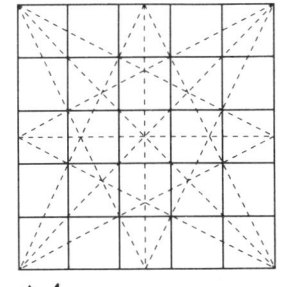
▲ 4

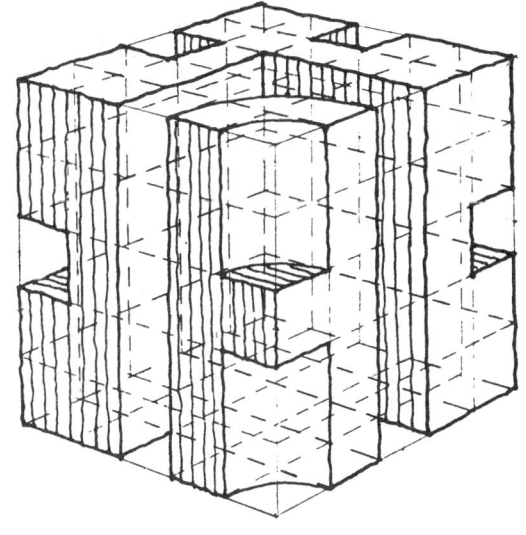

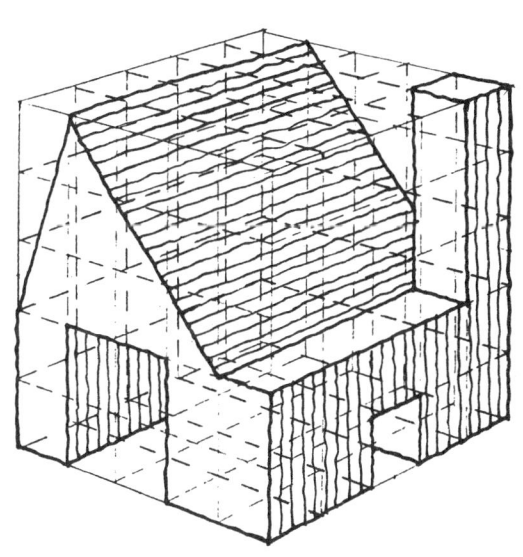

등분법 / 25등분법

 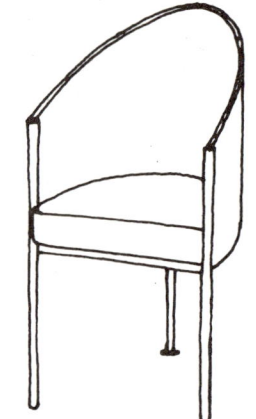 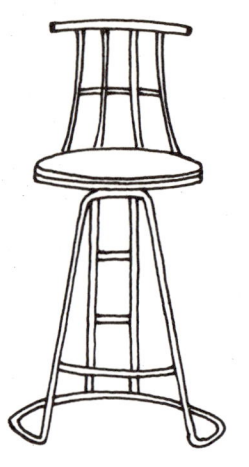

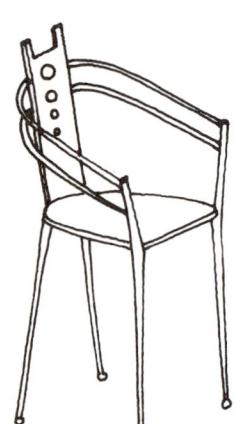  

[16] 점경

점경은 투시도상의 건축물 이외의 것으로 인물, 수목, 자동차, 가구, 조명기구, 사인류, 악세사리 등인데, 건축물의 이미지효과를 주기 위해 그려 넣는 것이다. 점경을 어떻게 적절히 묘사 하느냐에 따라 건축물의 이미지를 강하게 나타낼 수 있다. 그러나 점경은 보조역할이므로 건축물보다 강하게 표현하는 것은 좋지 못하다. 점경의 표현은 많은 연습과 숙련을 필요로 하는 것이다. 점경의 목적은 다음과 같다.

① 스케일 감을 준다.
② 원근감을 준다.
③ 동선을 나타낸다.
④ 사용목적과 분위기를 높인다.
⑤ 구도상의 균형을 유지한다.

1. 가구

가구는 실내투시도의 경우 가장 중요한 점경이다. 상자형으로 보고 분할하여 그리면 쉽게 숙달될 것이다. 실제로 투시도 작도시 가구 하나 하나를 도법으로 작도할 수 없으므로 많은 스케치 연습이 필요하다.

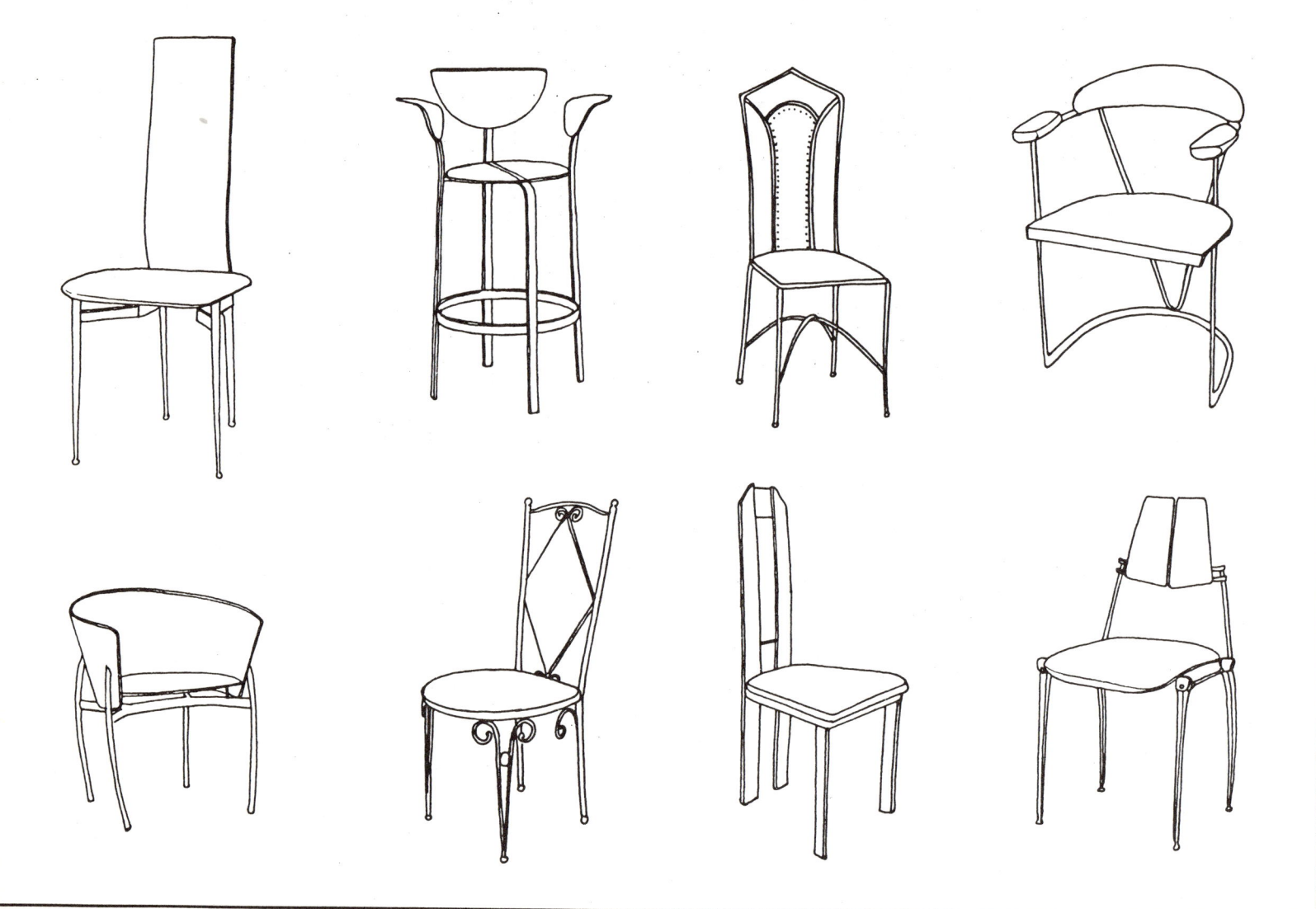

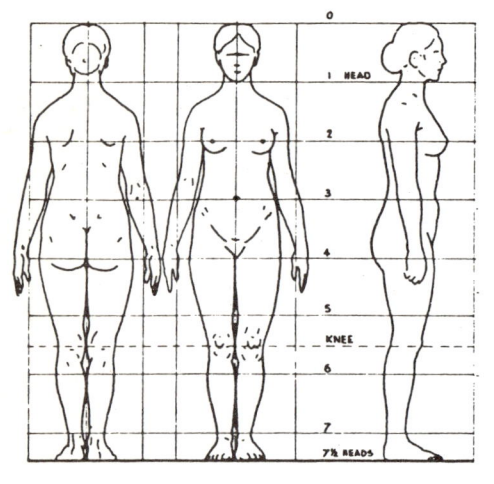 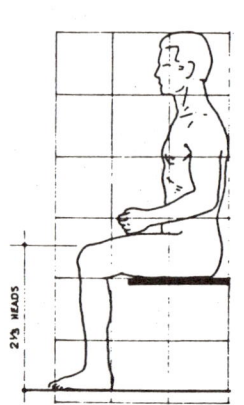 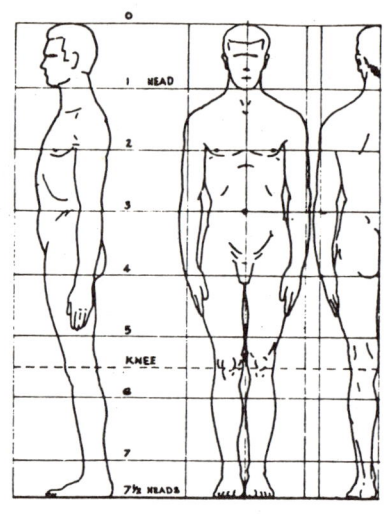

2. 인물

① 인물의 비례
　우리나라 사람은 7.5 등신을 기준으로 한다. 머리를 1로할 때 목이 0.5, 팔이 3.0, 몸통이 2.5, 다리가 3.5의 비례가 된다. 옆의 그림에서 처럼 가슴이 2, 허리가 3, 엉덩이가 4, 무릎이 바닥에서 2의 위치에 오도록 하고 사람을 그리면 어색하지 않다.

② 인물의 움직임과 방향
　걸어가는 방향으로 약간 기울이면 방향성을 갖는다.

③ 데포르메한 사람
　인물의 외곽 형태를 간단하게 표현하는 사람으로 성(性)의 구별, 움직임의 방향, 행동 형태 등을 나타낼 수 있다. 외관투시도에서 많이 사용되므로 충분한 연습을 필요로 한다.
　바닥에 닿은 발에는 그림자를 넣는다.

④ 눈 높이는 약 1.5m를 기준으로 한다.

▲ 인물의 비례

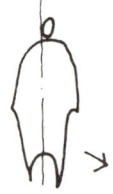     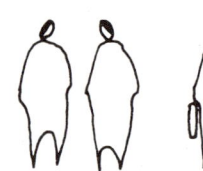

▲ 인물의 움직임과 방향　　　▲ 데포르메한 사람

눈높이선 1.5m

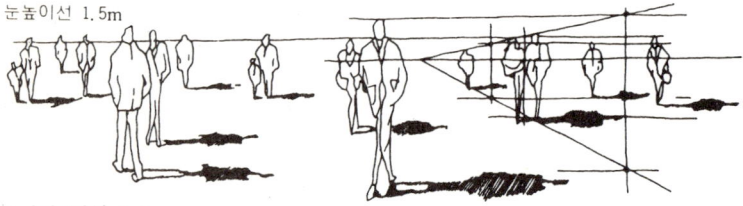  

▲ 눈높이선 1.5m

점경 / 인물

점경 / 인물

①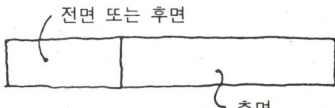
사각형을 그린다.
전면 또는 후면, 측면으로 분할한다.

②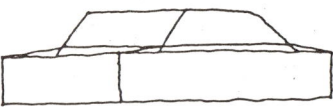
창 부위를 그린다.
본네트(엔진룸) 부위를 약간 높게 그린다.

③
범퍼를 그린다(전면 또는 후면 중간에).
전·후 바퀴 자리를 그린다.
지붕을 그린다(약간 둥글게).

④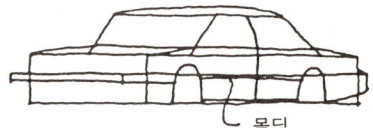
문을 그려 넣는다.
몰딩과 뒷 범퍼를 그린다.

⑤
전면 또는 후면을 그린다.
바퀴를 입체적으로 그린다.
거울(백밀러, 룸밀러)를 그린다.
문을 그린다(앞문, 뒷문).

⑥
곡면부위를 잘 정리한다.
바닥(지면)을 그린다.
간단한 명암을 넣고 정리한다.

3. 자동차

차도 스케일 척도에 중요한 요소이고 투시도에 움직임이나 도로의 진입방향, 주차 공간 등을 표현할 수 있다. 승용차를 일반적으로 많이 표현하고 간혹 소형버스를 그리기도 한다.

승용차의 표준적인 치수는 나비가 1.6~1.8m, 높이는 1.3~1.4m, 길이는 4.5~5.5m 정도이다.

점경 / 자동차

4. 수목

수목은 건물주위의 공간을 표현하는데 있어서 중요한 점경이다.

수목의 배치와 표현은 지역, 지형, 수목의 유무, 언덕과 평지등 건물 주변의 대지성격을 나타내며 건물을 돋보이게 한다.

건물주변에 표현될 수목들을 투시도 작도시 표현의 범위를 한정시키는데 중요한 역할을 한다. 수목은 놓여지는 위치에 따라 멀리있는 나무는 간결하게 표현하고 가까운 곳의 나무는 자세하게 그려야 하며, 너무 강조하여 건축물이 위축되지 않도록 세심한 주의를 요한다.

실내 투시도에서의 수목은 너무 강조해서는 안된다. 실내수목의 경우는 화분에 심은 경우가 일반적이므로 잎이나 줄기를 자세하게 표현하도록 한다.

수목의 입체감표현은 태양의 방향을 생각하고 빛의 방향은 외곽 형태나 적당히 표현하며, 빛의 반대방향은 잎을 밀도있게 표현하면 입체감이 된다. 잔디의 표현은 삼각자나 T자를 이용하여 자에서부터 위로 자연스럽게 그려 나간다.

점경 / 수목

🍃 참고
입면도와 투시도에 수목을 표현할 경우에 치이점은 투시도에는 수목의 입체감을 주면된다.

점경 / 수목, 입면도, 투시도 표현용

점경 / 조명기구

 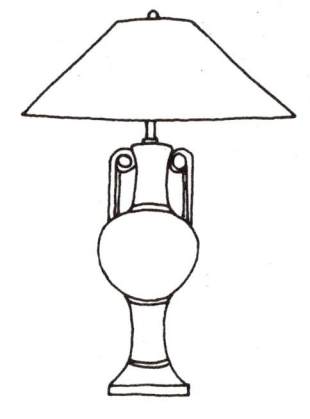 

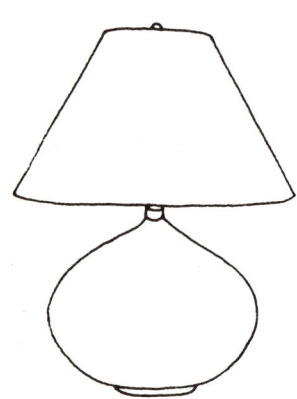 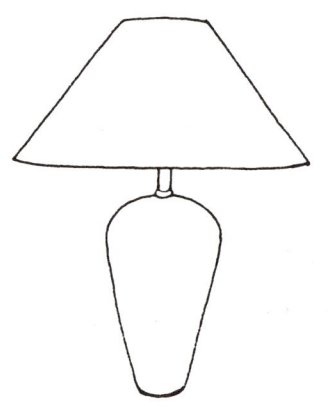 

5. 조명기구

조명기구도 실내투시도에서는 중요한 점경이다. 재질감을 느낄 수 있도록 명암처리에 신경을 써야 한다. 등기구의 종류가 다양하므로 많은 연습을 요한다.

■ 조명기구 부착위치에 의한 분류
- 천정등(Ceiling Light)
  - 매입등(Down Light)
  - 스포트라이트(Spot Light)
  - 펜던트(Pendent)
  - 샹들리에(Chandelier)
  - 일반천정등(Ceiling Light)
- 벽등(Wall Light)
  - 브라케트(Bracket)
- 바닥등(Floor Light)
  - 푸트라이트(Foot Light)
- 스탠드(Stand Light)
  - 플로어스탠드(Floor Stand)
  - 테이블스탠드(Table Stand)

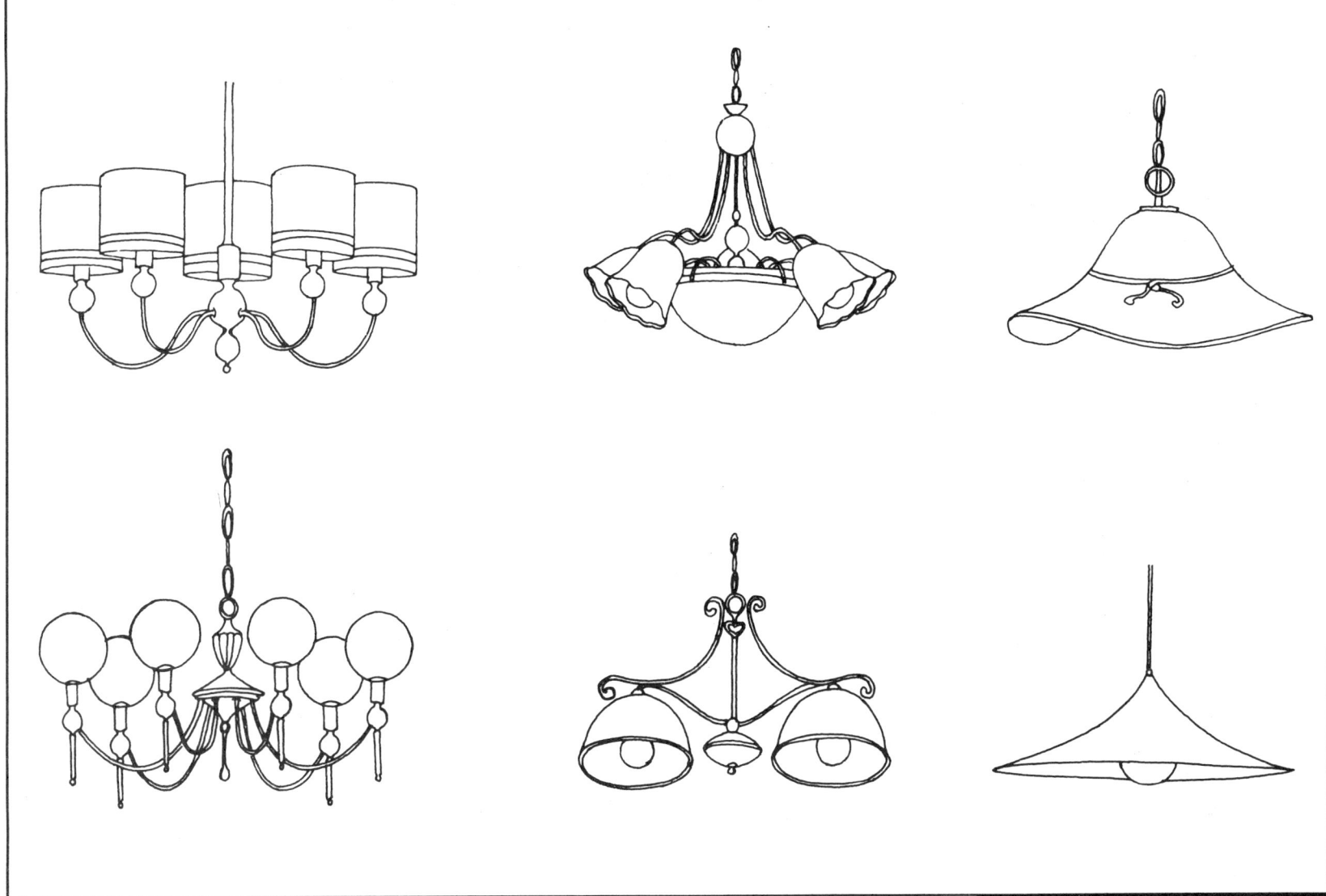

6. 소품, 악세서리, 기타

투시도의 사실적인 표현을 위해서 소품류, 악세서리, 액자, 기타 생활용품 등을 그려 넣으면 된다.

점경 / 소품, 악세서리, 기타

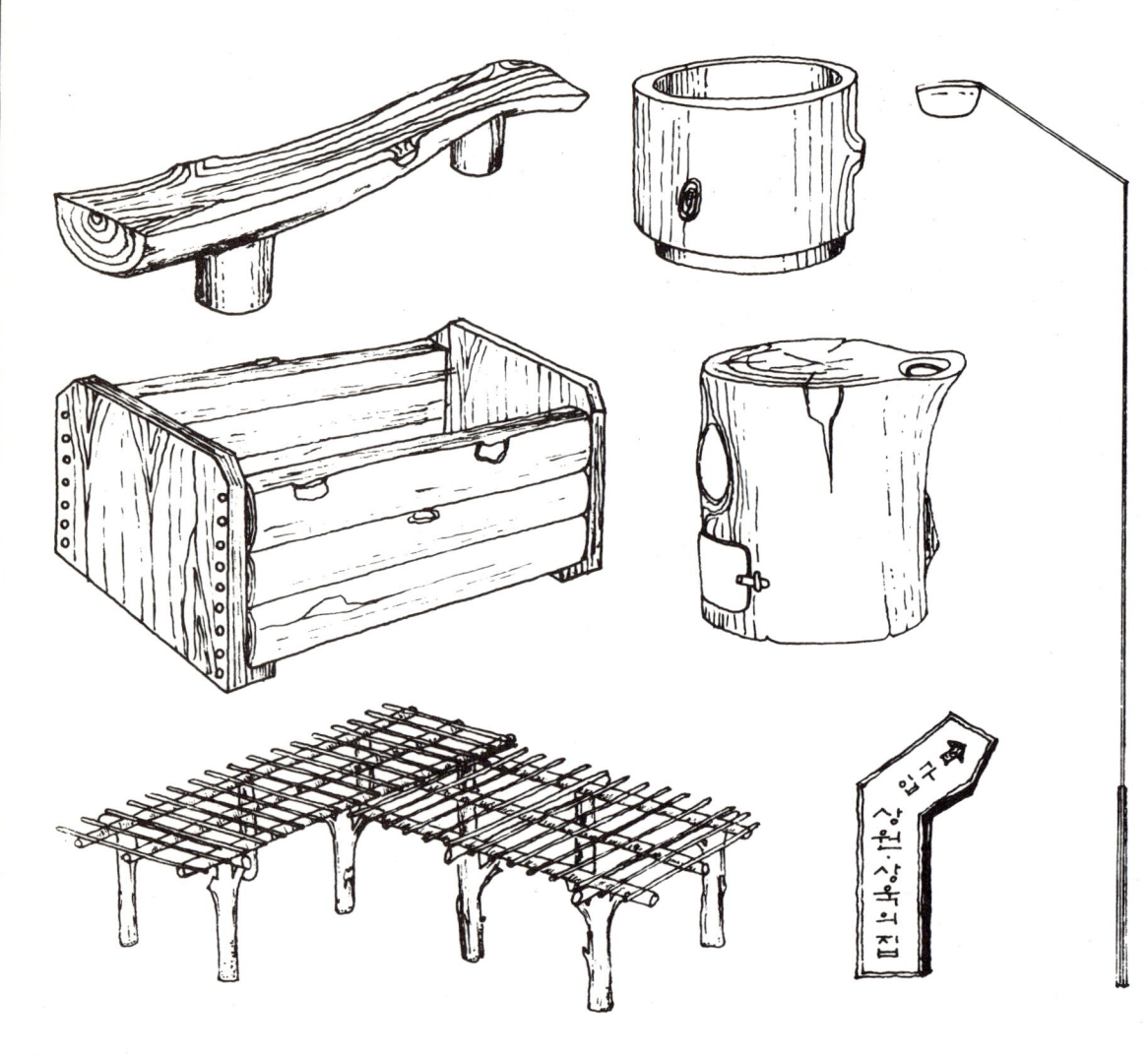

7. 외부 시설물

외부 시설물은 벤치, 휴지통, 가로등, 음수대, 퍼골라, 안내판, 정류장 시설 등 많이 있다.

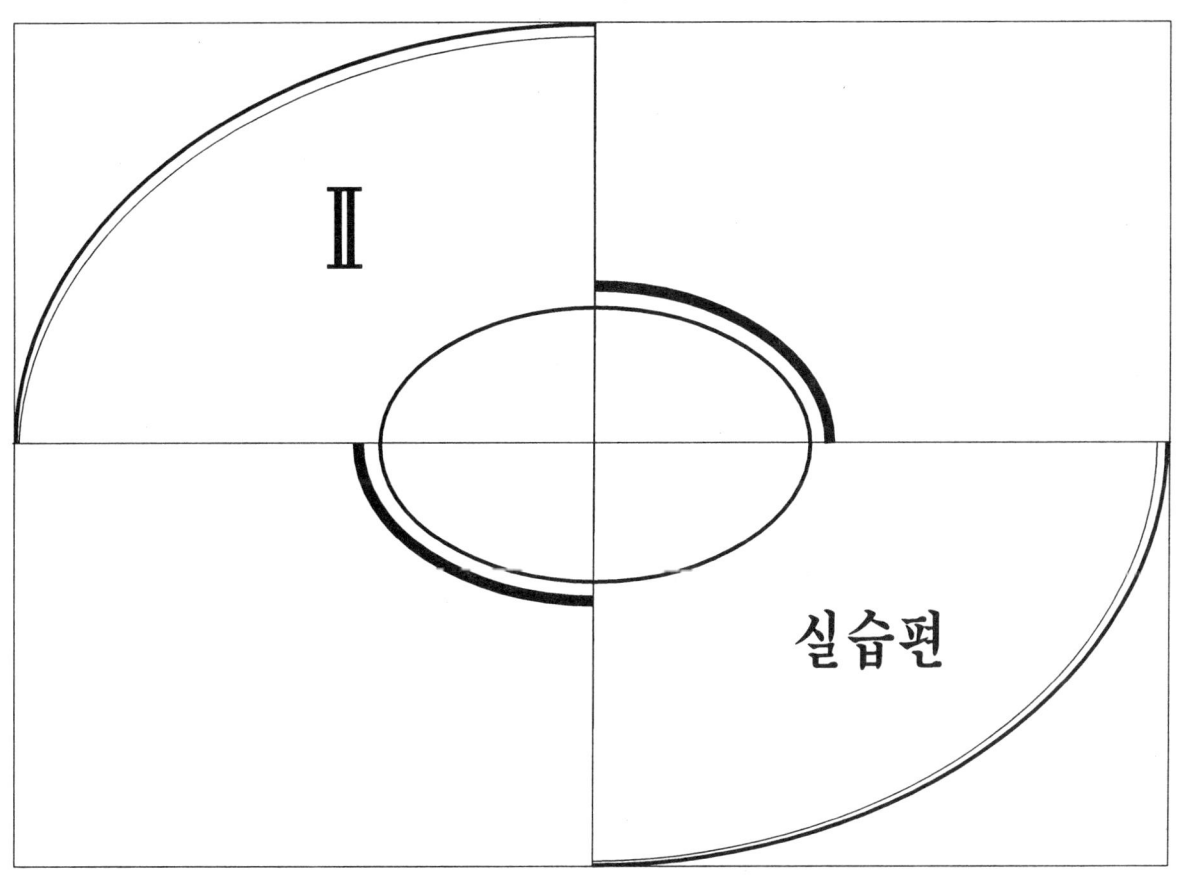

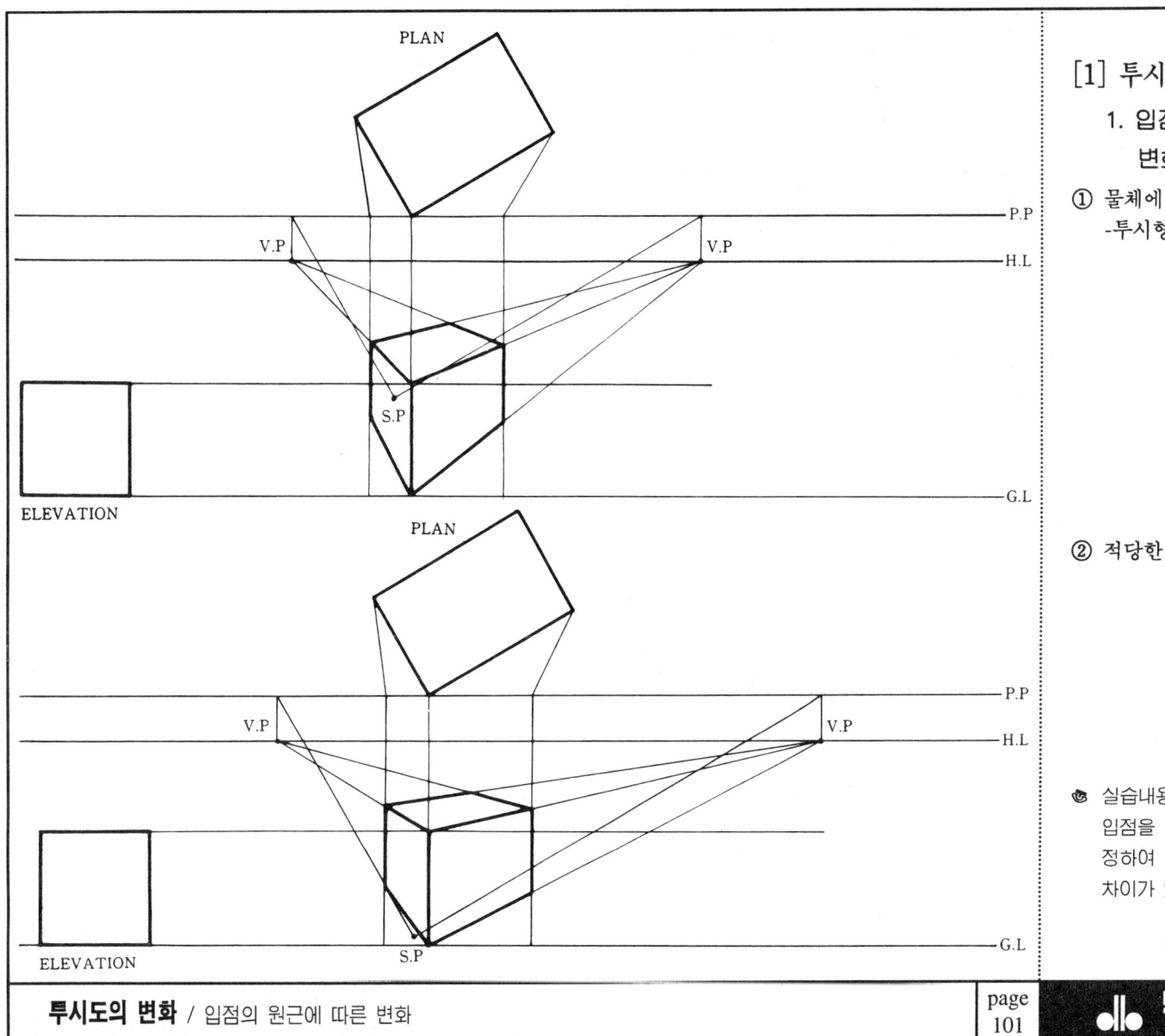

[1] 투시도의 변화

1. 입점(S.P)의 원근에 따른 변화

① 물체에 가까이 있는 경우
 -투시형이 왜곡되게 나타난다.

② 적당한 위치에 있는 경우

☞ 실습내용
 입점을 아주 가까이, 아주 멀리 설정하여 투시도를 작도한 후 어떤 차이가 있는가 알아본다.

투시도의 변화 / 입점의 원근에 따른 변화

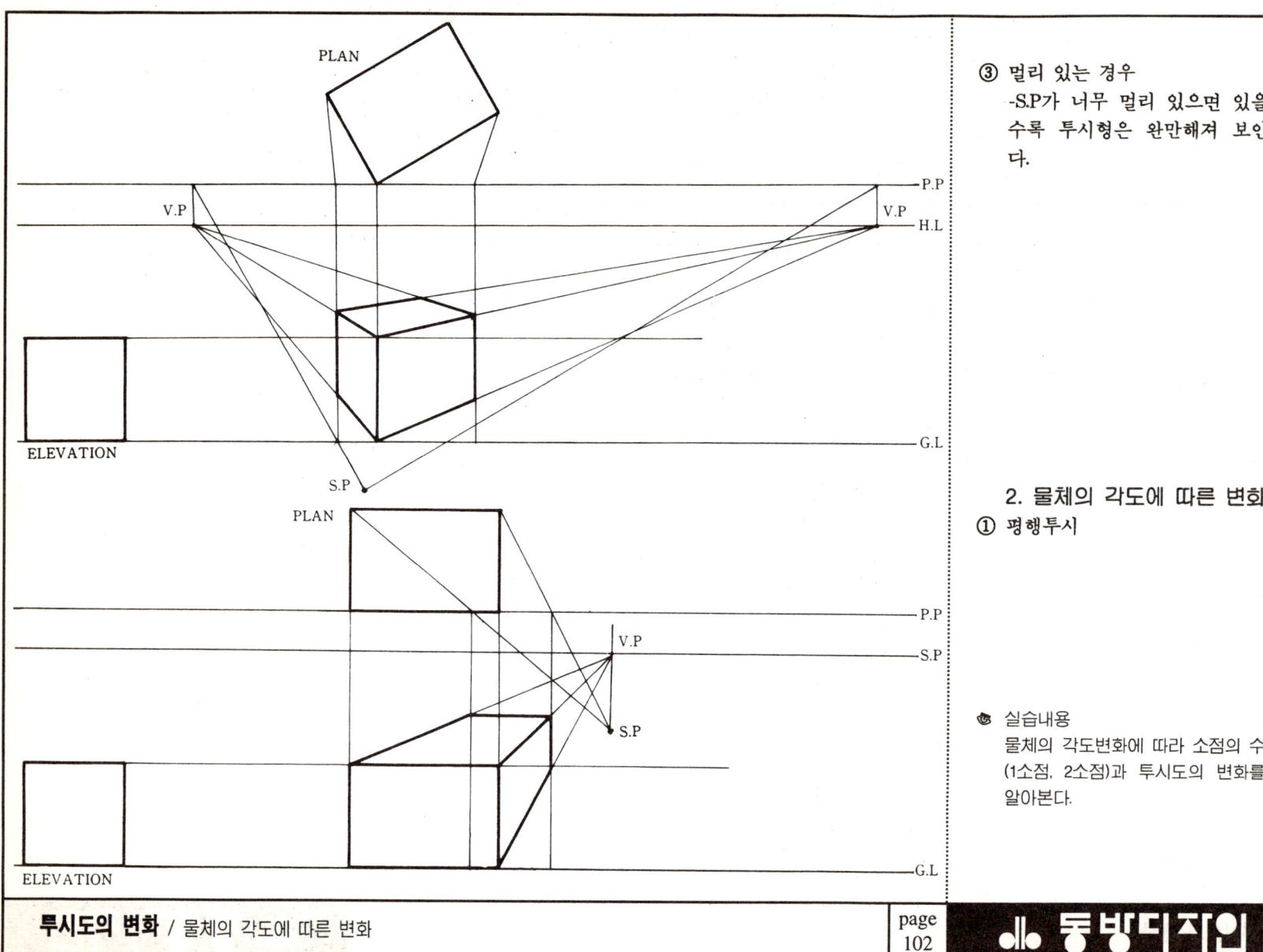

③ 멀리 있는 경우
 -S.P가 너무 멀리 있으면 있을 수록 투시형은 완만해져 보인다.

2. 물체의 각도에 따른 변화
① 평행투시

🌀 실습내용
물체의 각도변화에 따라 소점의 수 (1소점, 2소점)과 투시도의 변화를 알아본다.

투시도의 변화 / 물체의 각도에 따른 변화

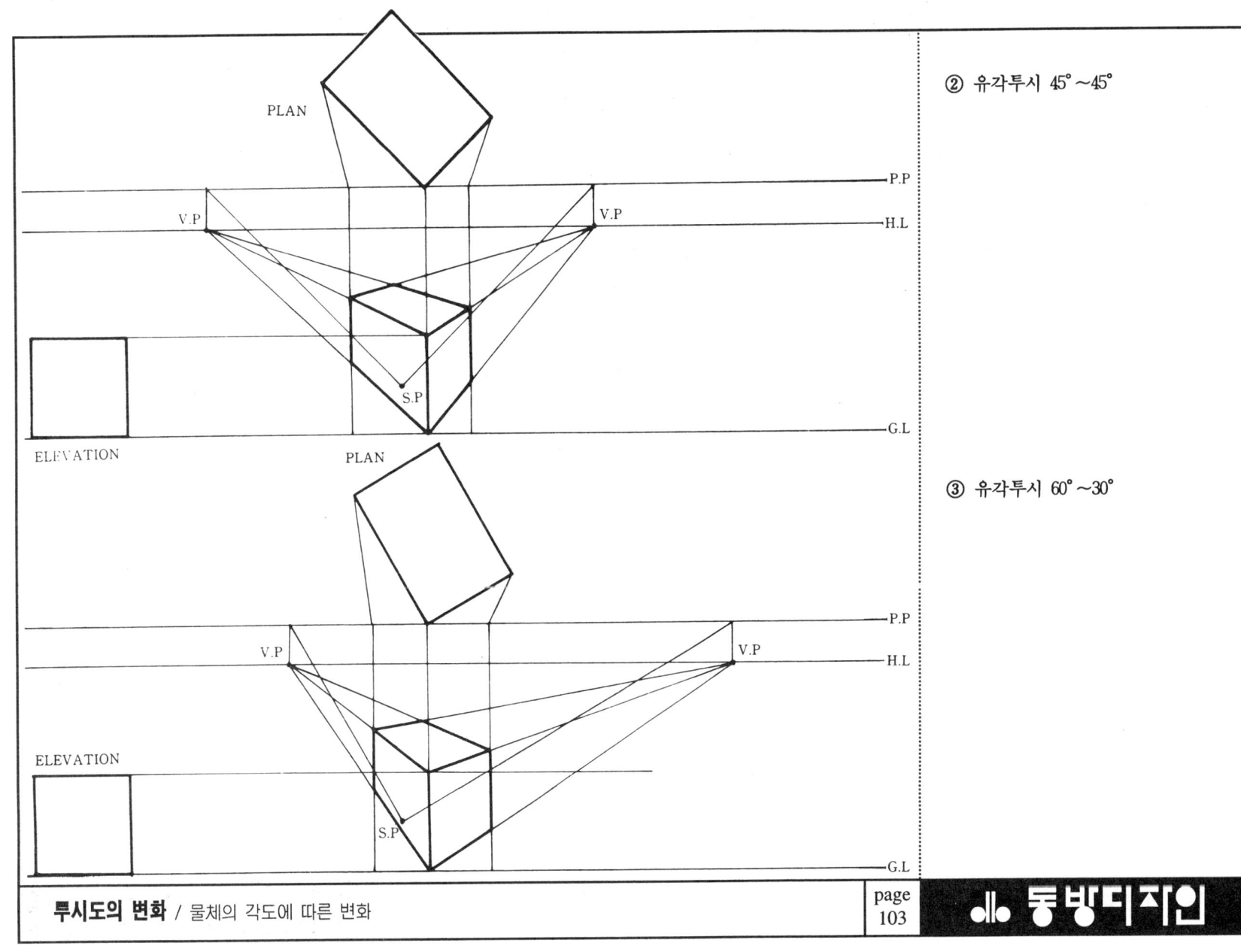

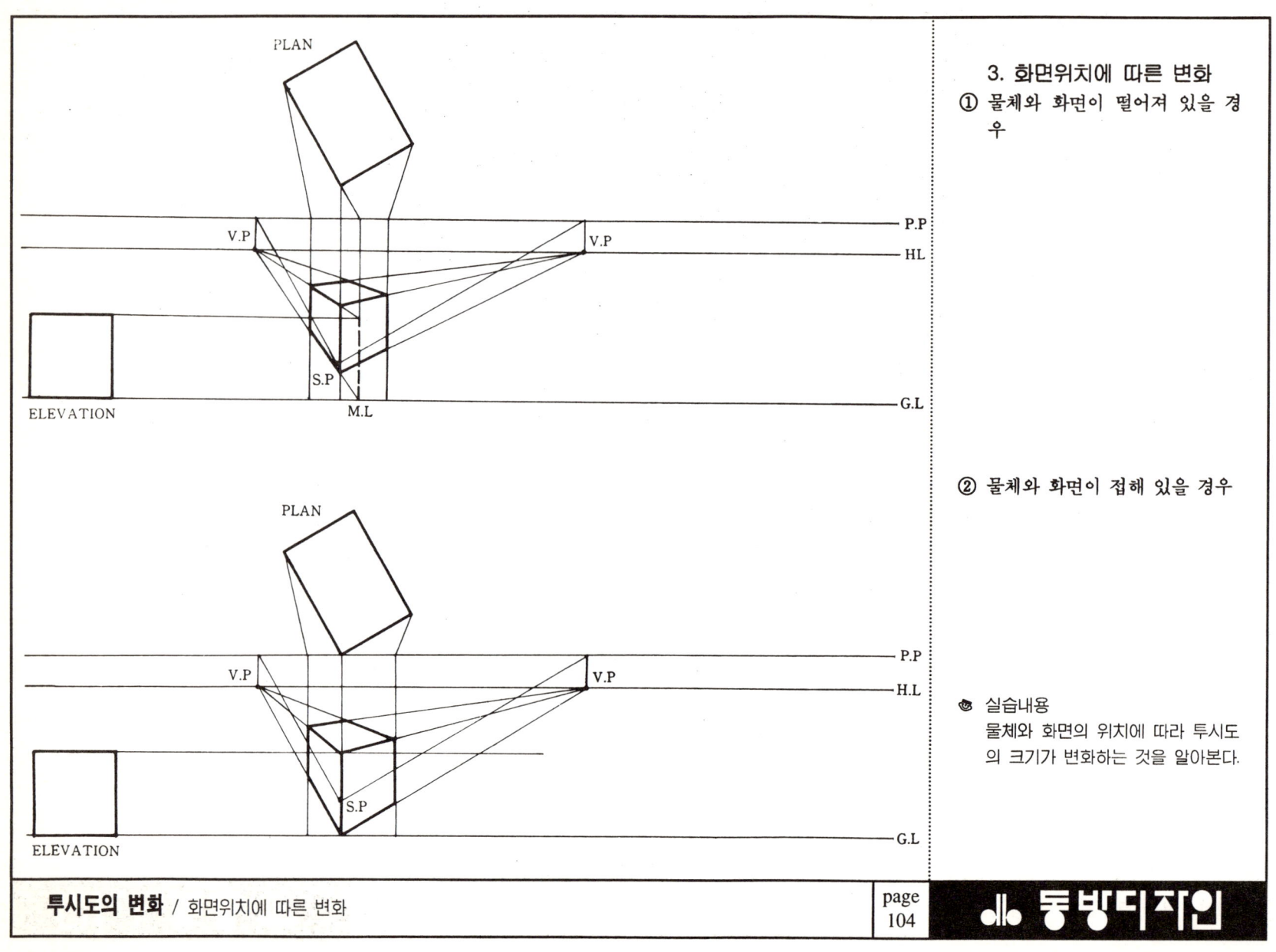

3. 화면위치에 따른 변화
① 물체와 화면이 떨어져 있을 경우

② 물체와 화면이 접해 있을 경우

👁 실습내용
물체와 화면의 위치에 따라 투시도의 크기가 변화하는 것을 알아본다.

투시도의 변화 / 화면위치에 따른 변화

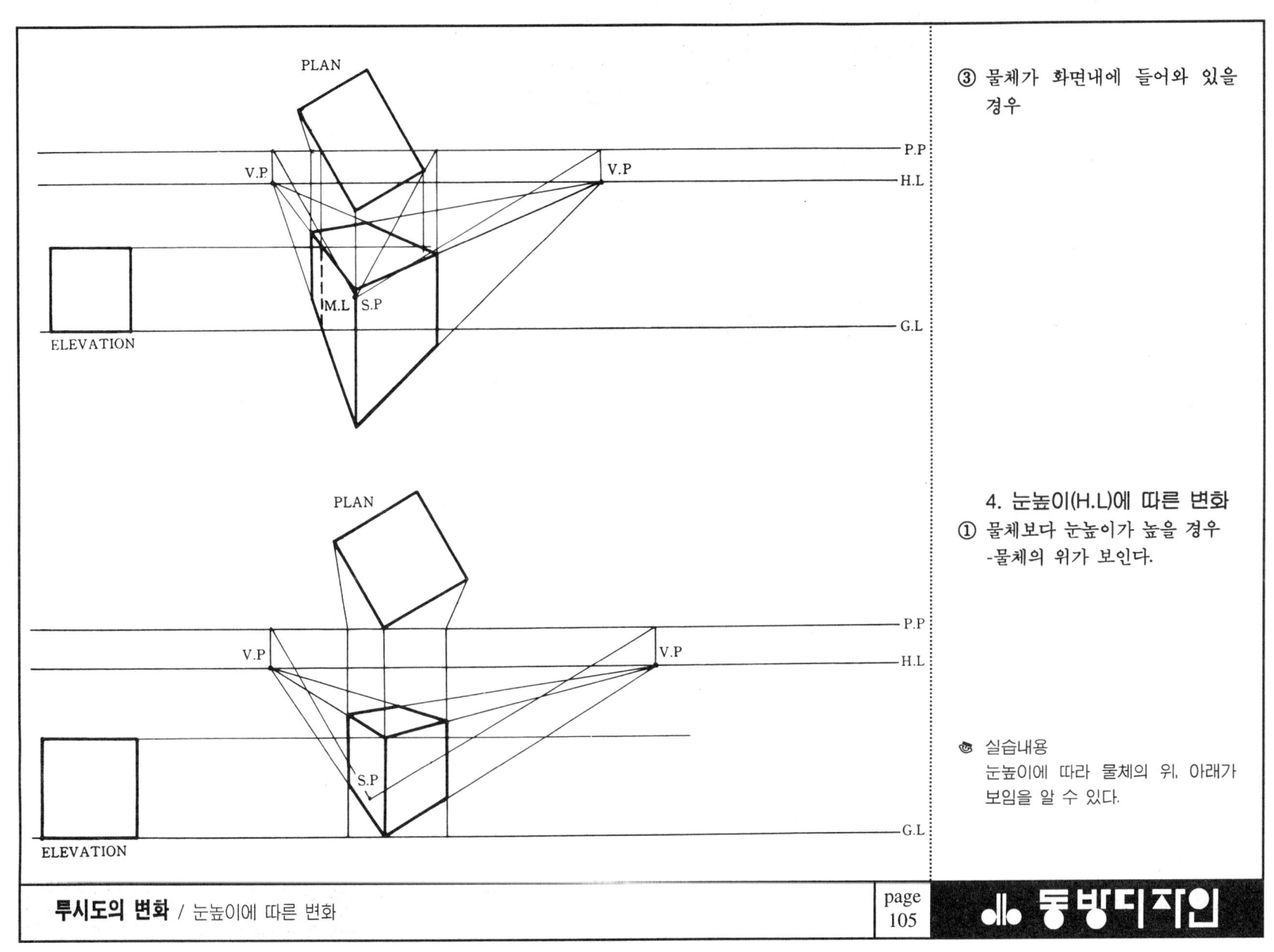

③ 물체가 화면내에 들어와 있을 경우

4. 눈높이(H.L)에 따른 변화
① 물체보다 눈높이가 높을 경우
 -물체의 위가 보인다.

👁 실습내용
눈높이에 따라 물체의 위, 아래가 보임을 알 수 있다.

루시도의 변화 / 눈높이에 따른 변화

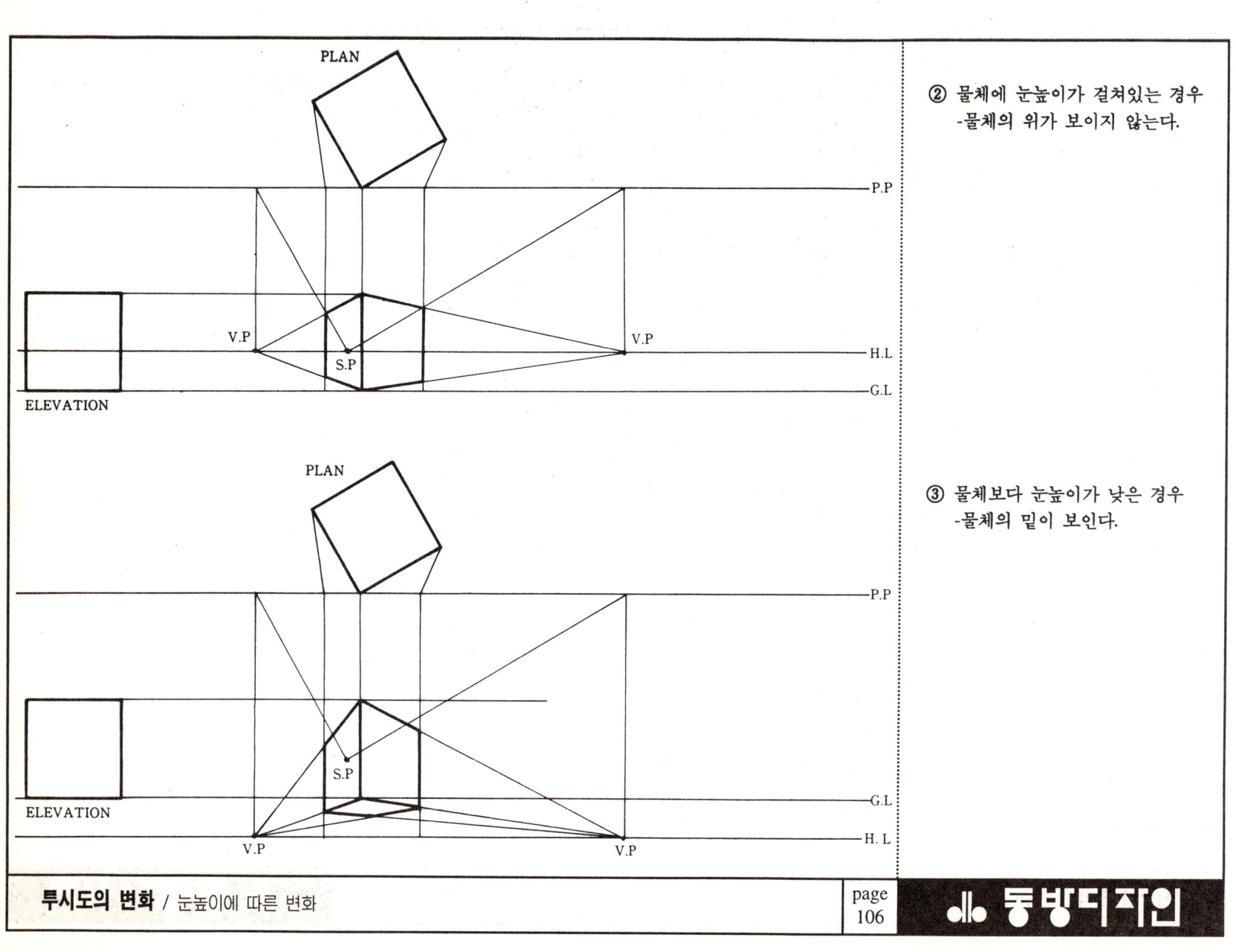

② 물체에 눈높이가 걸쳐있는 경우
-물체의 위가 보이지 않는다.

③ 물체보다 눈높이가 낮은 경우
-물체의 밑이 보인다.

투시도의 변화 / 눈높이에 따른 변화

[2] 투시도법의 기본실습

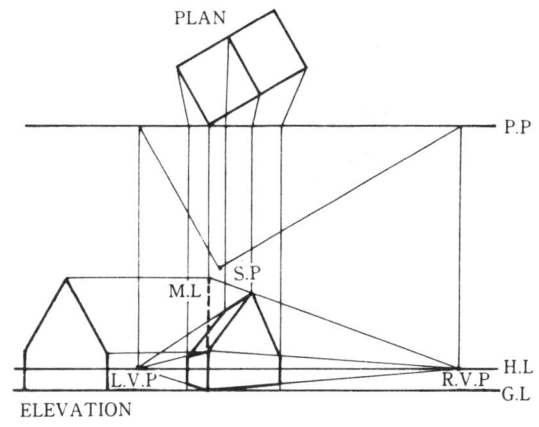
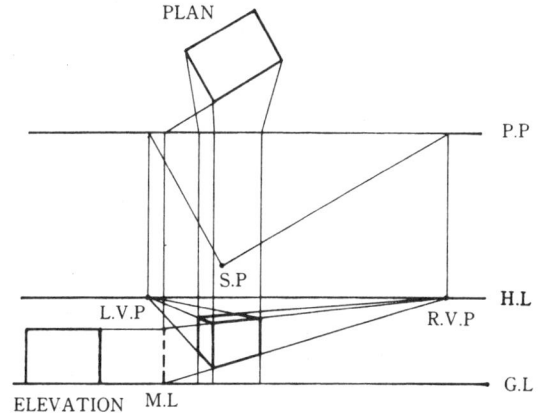
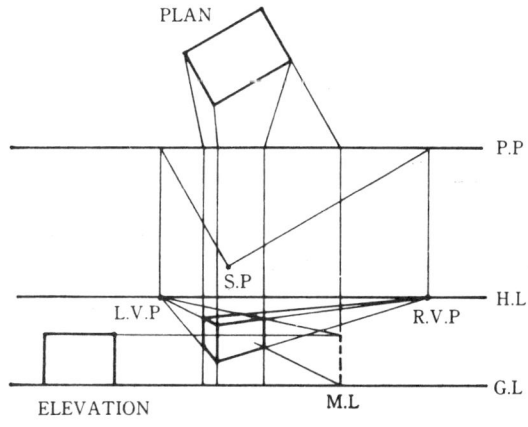
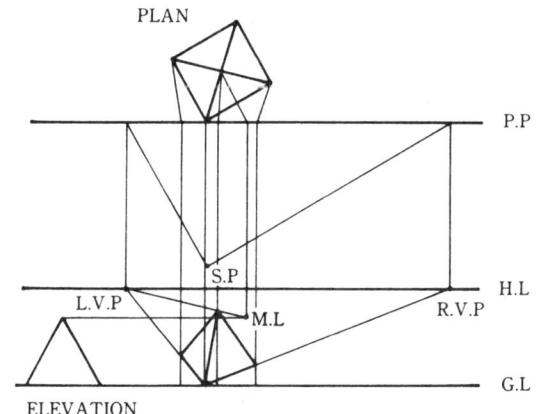

투시도법의 기본실습

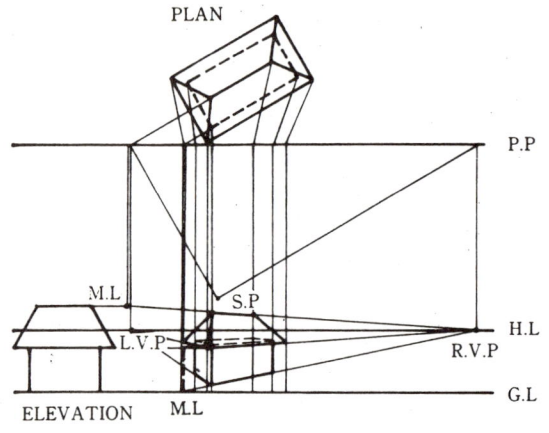
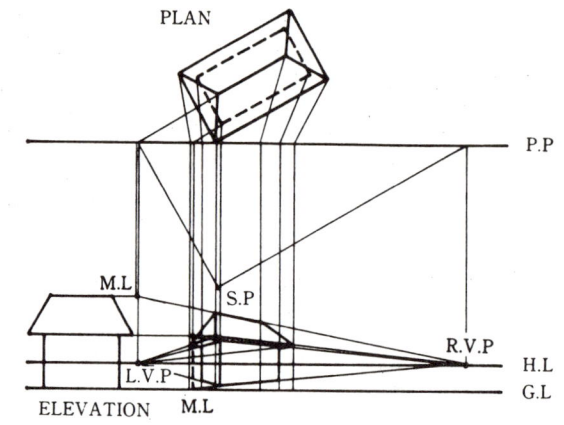
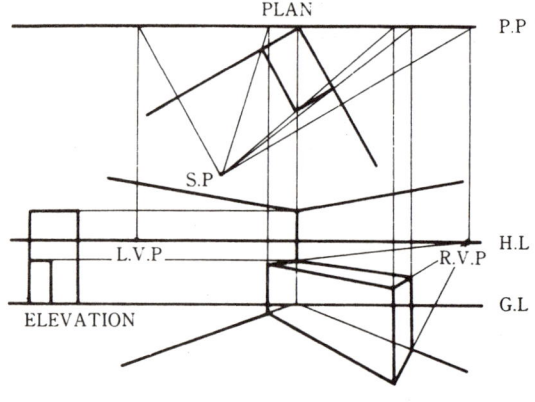
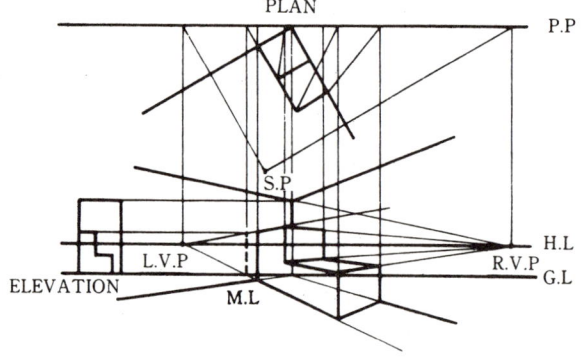

투시도법의 기본실습

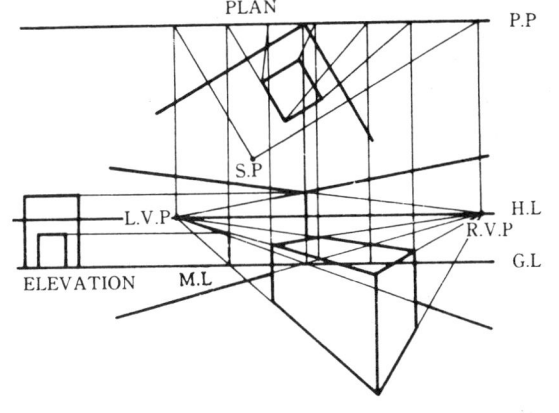
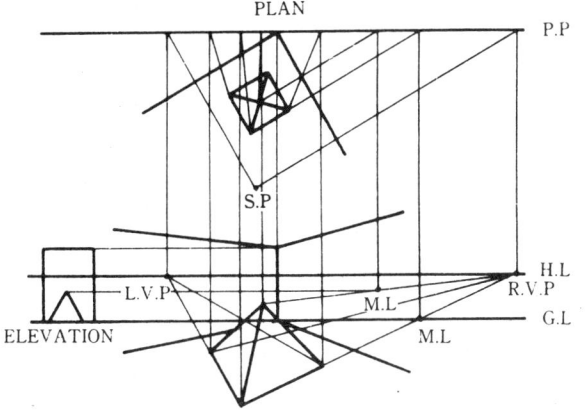
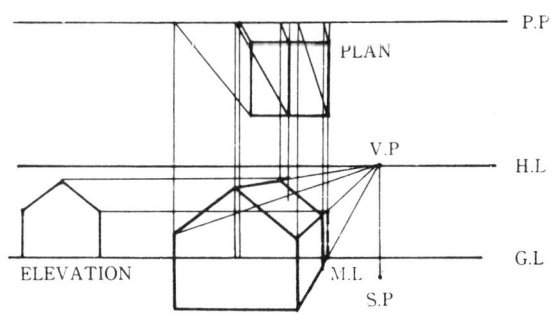
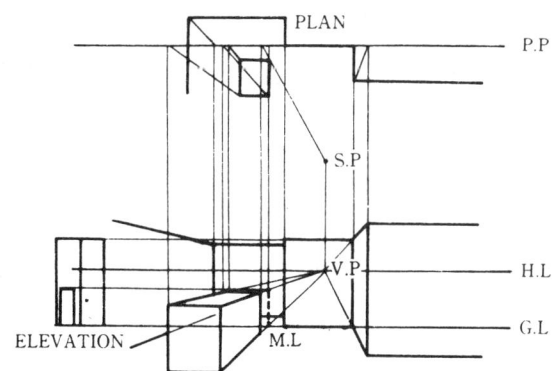

투시도법의 기본실습

[3] 간략도법 작도순서

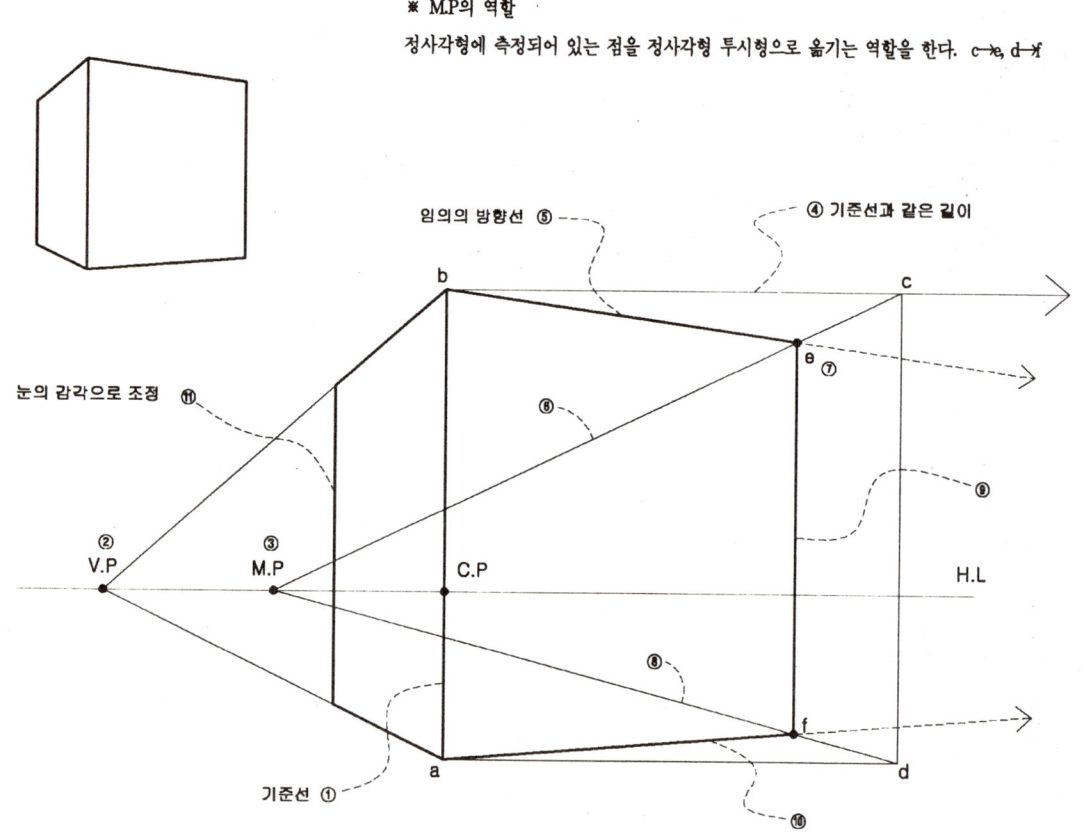

※ M.P의 역할
정사각형에 측정되어 있는 점을 정사각형 투시형으로 옮기는 역할을 한다. c→e, d→f

눈높이선 H.L을 그은 후
① 내가 그리고자 하는 건축물의 높이를 축척(Scale)에 맞게 수직으로 긋는다.(기준선 ab)
② ①에서 설정한 건축물의 높이보다 짧은 곳에 좁은면 소점을 결정해 둔다.
③ ②의 결정된 소점과 중심점(C.P)간 중심에 측점인 M.P를 설정한다.
④ 기준선과 같은 길이로 정사각형 형태를 흐리게 그린다.(정사각형 abcd, 건물의 길이중 가를 가정하여 bc는 길게 연장해 둔다)
⑤ 건축물 상부의 선을 임의의 방향으로 긋는다. 원래는 R.V.P로 향하는 선이나 R.V.P가 책상(도판)위에 설정되지 않았으므로 임의의 방향으로 긋는 것이다. 단, 선의 방향을 완만한 각으로 그리면 건물면이 넓게 표현되고, 급한 각으로 그리면 건물면이 좁게 표현되므로 몇 번 그려보면 적당한 각을 설정할 수 있다.
⑥ bc 또는 연장된 선상에 건물의 평면길이를 측정하여 측정된 그 점과 ③의 M.P를 연결한다.
⑦ ⑥번선과 ⑤번선의 교점(e)이 바로 투시도형의 건물 길이가 된다.
⑧ d점에서 M.P로 향하는 선을 긋는다.
⑨ e점에서 수직선을 내려그으면 ⑦과 만나는 점 f가 생긴다.
⑩ af를 연결하면 abcd의 투시형 abef가 완성된다.
⑪ 눈의 비례적인 감각으로 좁은 쪽 면의 투시형 정사각형을 조정하여 결정한다.

Freehand Sketch나 투시도는 정육면체 투시형을 기본으로 하고, 분할 또는 증식방법을 이용하여 비례를 맞추어 나가는 것을 기본으로 한다.

간략도법 작도순서 - 1

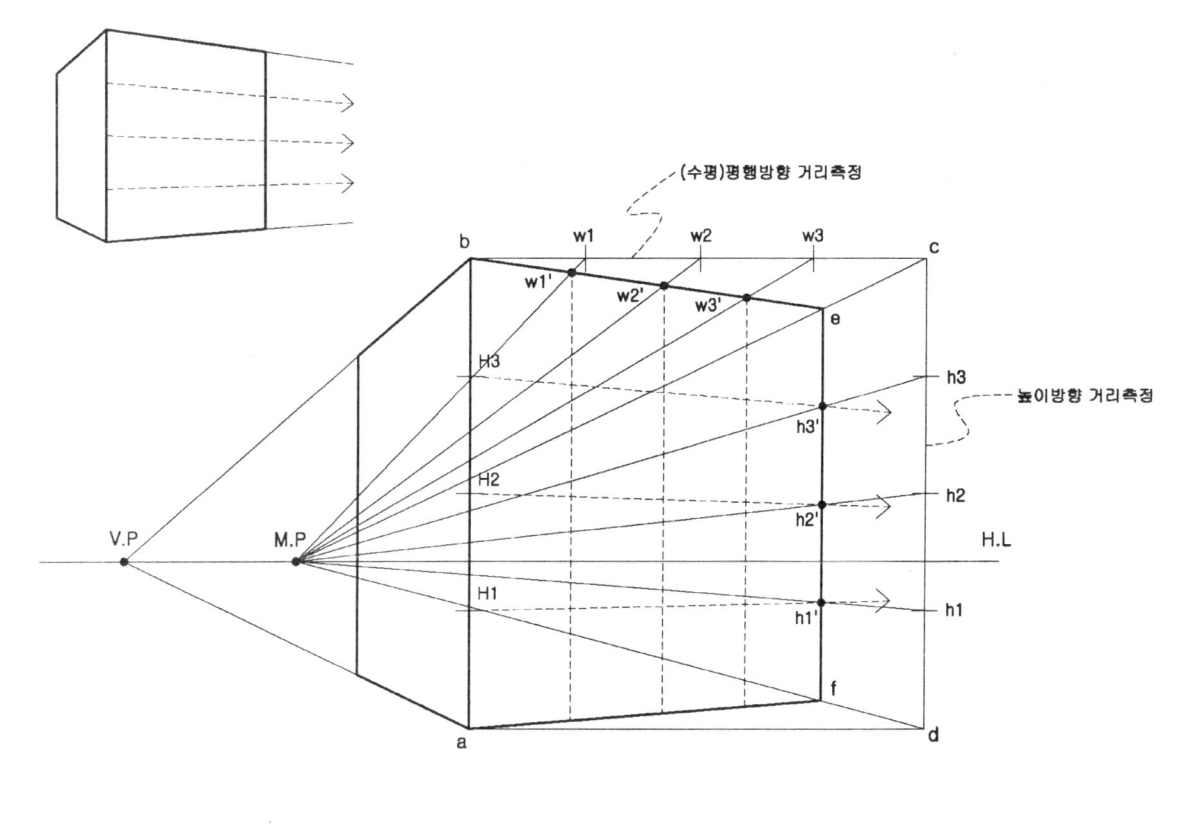

수평방향의 거리 측정은 bc선상에 측정한 후 M.P로 향하는 선을 그으면 be선상에 만나는 점이 측량된 점이 된다.

높이 방향의 거리 측정은 ab선상에 축척자를 이용하여 측량하고, 또 cd선상에 측량한 점을 M.P를 향하여 선을 그으면 만나는 점이 생긴다. 이 점과 ab선상의 점을 연결하면 된다.

수직방향은 be 선상의 교차점(w1′, w2′, w3′)을 수직으로 긋는다.

M.P의 역할

입면적인 높이 값과 넓이 값을 투시형으로 옮기는 역할을 한다.

h1→ h1′　　　　h2→ h2′
h3→ h3′　　　　w1→ w1′
w2→ w2′　　　　w3→ w3′

※ 용어설명
■ V.P(Vanishing Point) 소점
 - 물체의 면을 이루는 선들이 모이는 점
■ M.P(measuring Point) 측점
 - 거리를 측정하는 점
■ C.P(Central Point) 심점
 - 관찰자의 눈높이 중심점
■ H.L(Horizontal Line) 수평선
 - 관찰자의 눈높이

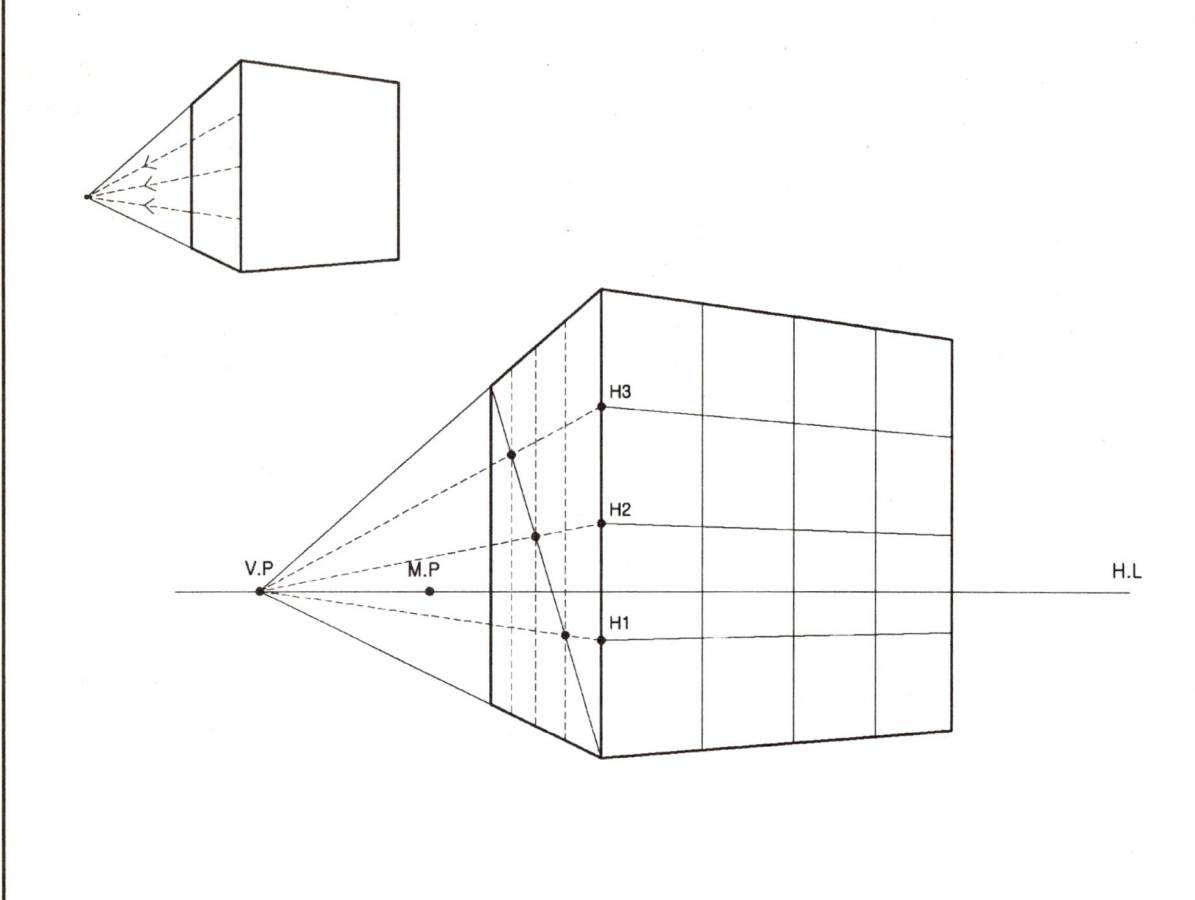

건물 측벽은 높이 방향 측량점을 V.P로 향하게 한 다음 분할 방법인 대각선법을 이용하여 등분한다.

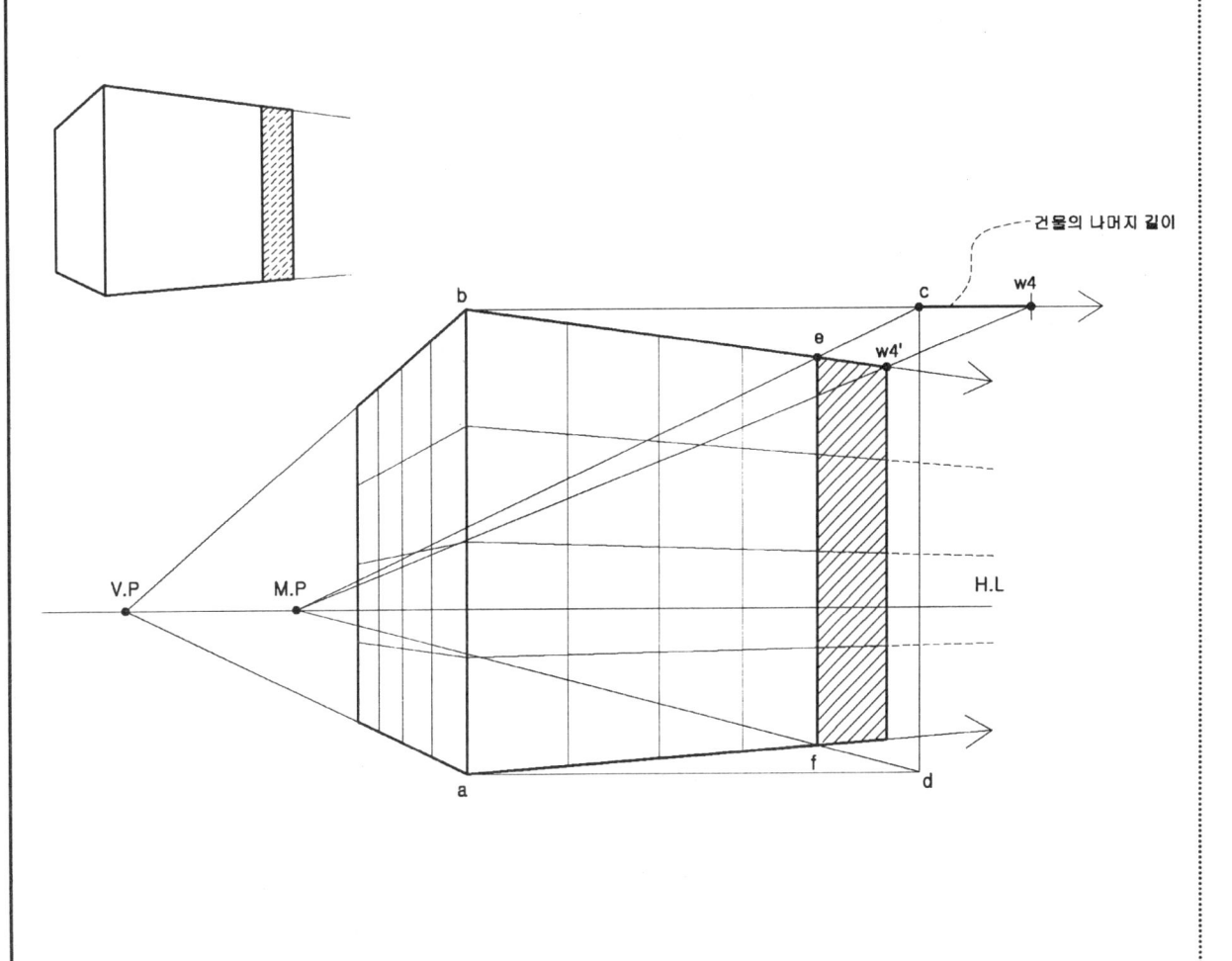

건물길이를 연장하거나 줄일 때에는 bc선 상에서 측량하여 그 점을 M.P점과 연결한다. 이 때 be 연장선상에 만나는 점이 구하고자 하는 건물 길이가 되는 것이다.

M.P의 역할
입면적인 높이값과 길이 값을 투시형으로 옮기는 역할을 한다.

[4] 간략도법 응용

A type

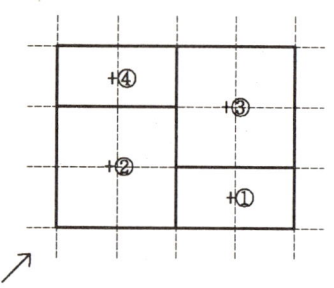

1
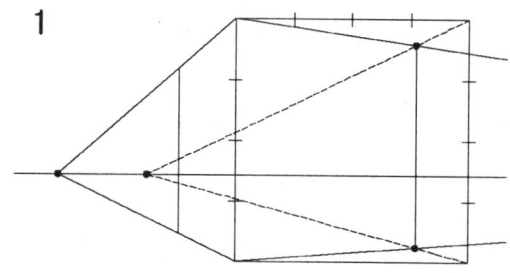

2
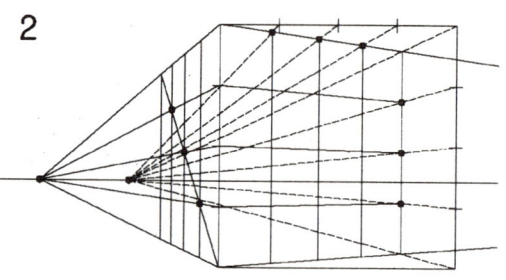

3
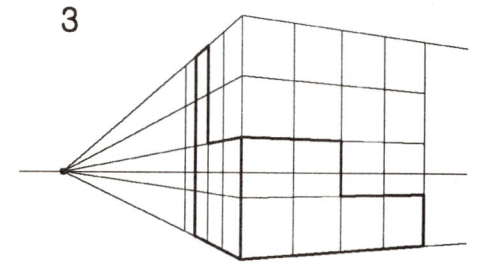

4
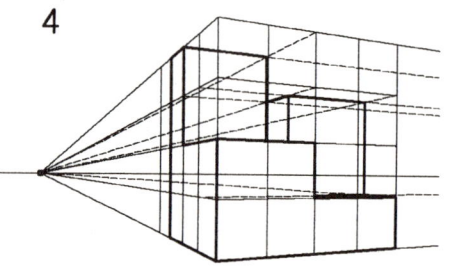

5
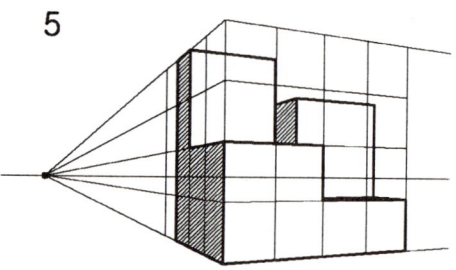

간략도법 응용 - A

B type

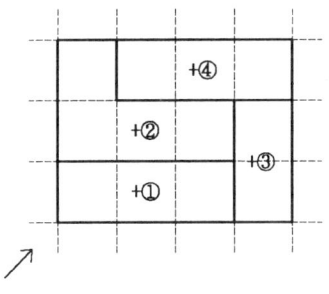

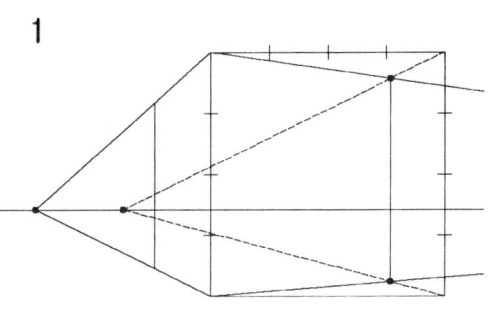

1

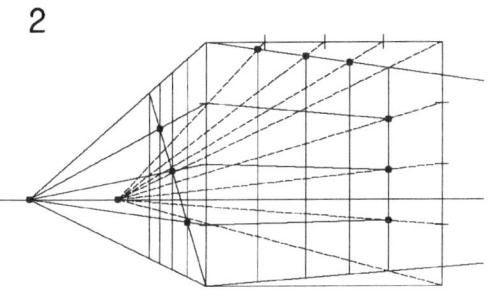

2

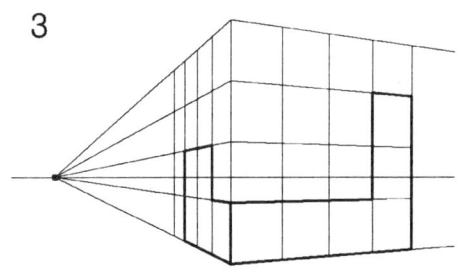

3

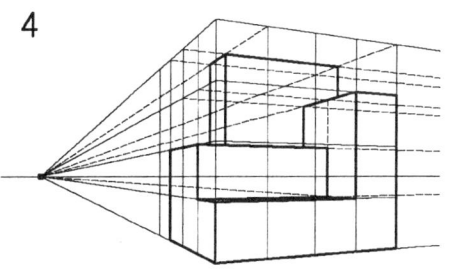

4

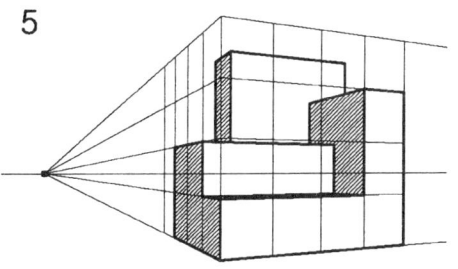

5

간략도법 응용 - B

C type

간략도법 응용 - C

D type

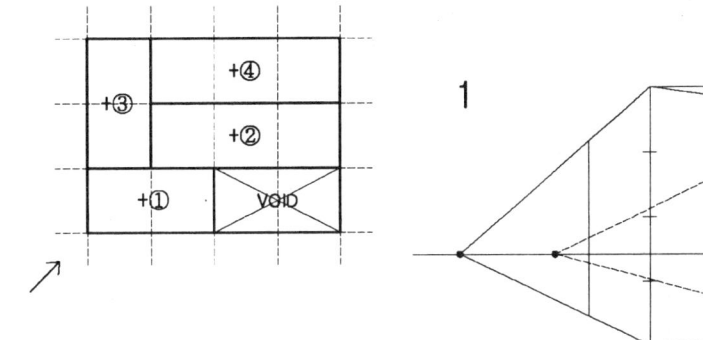
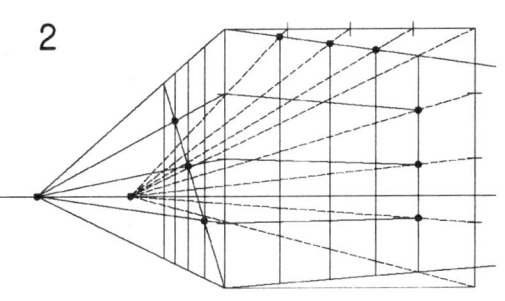
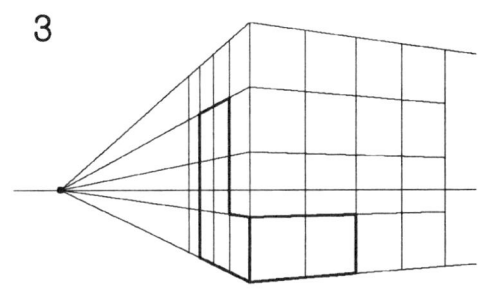
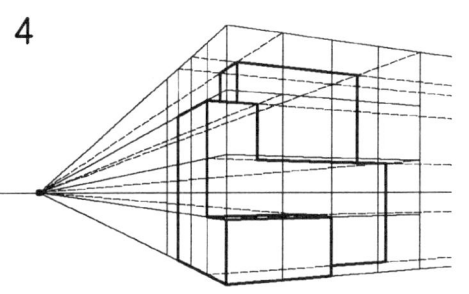
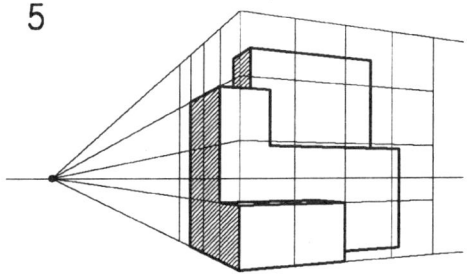

간략도법 응용 - D

E type

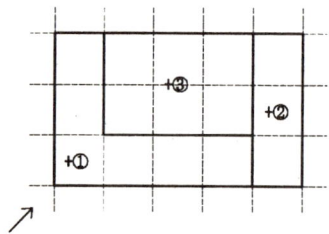

1
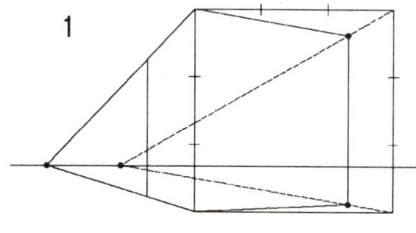

2
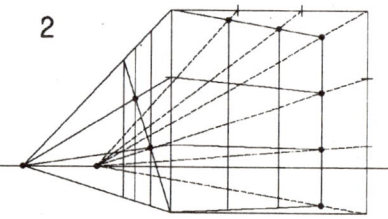

3
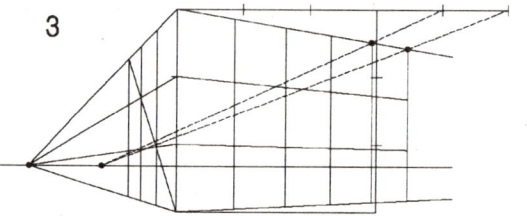

4
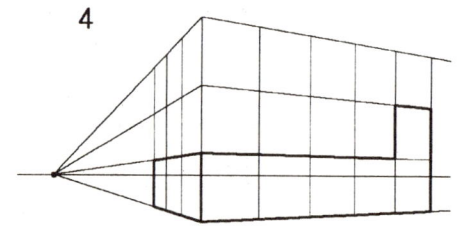

5
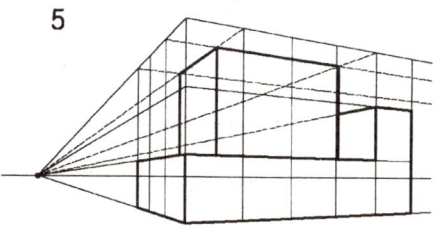

6
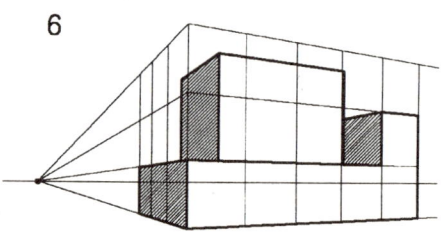

간략도법 응용 - E

[5] 응용실습

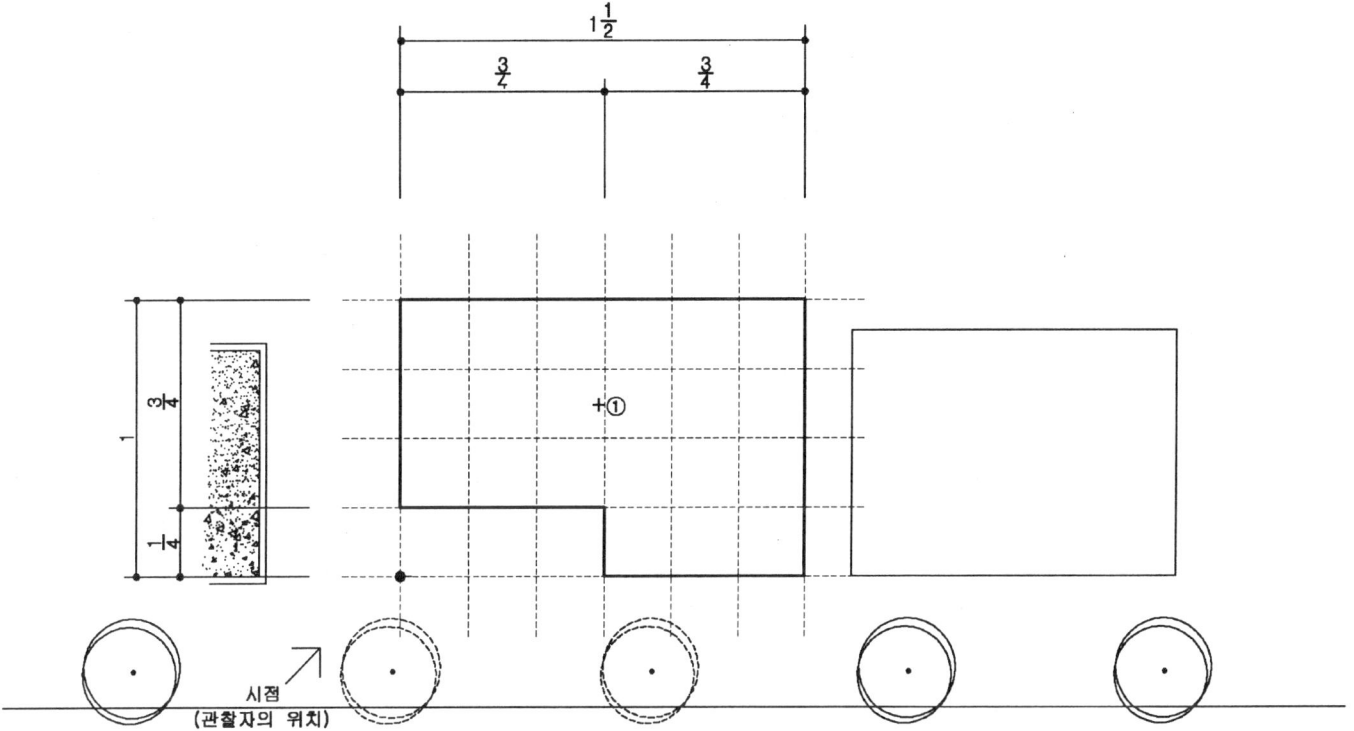

응용실습 A - 1

1의 단위 기준 값을 8cm로 시작하고, 정육면체 투시형을 결정한다.

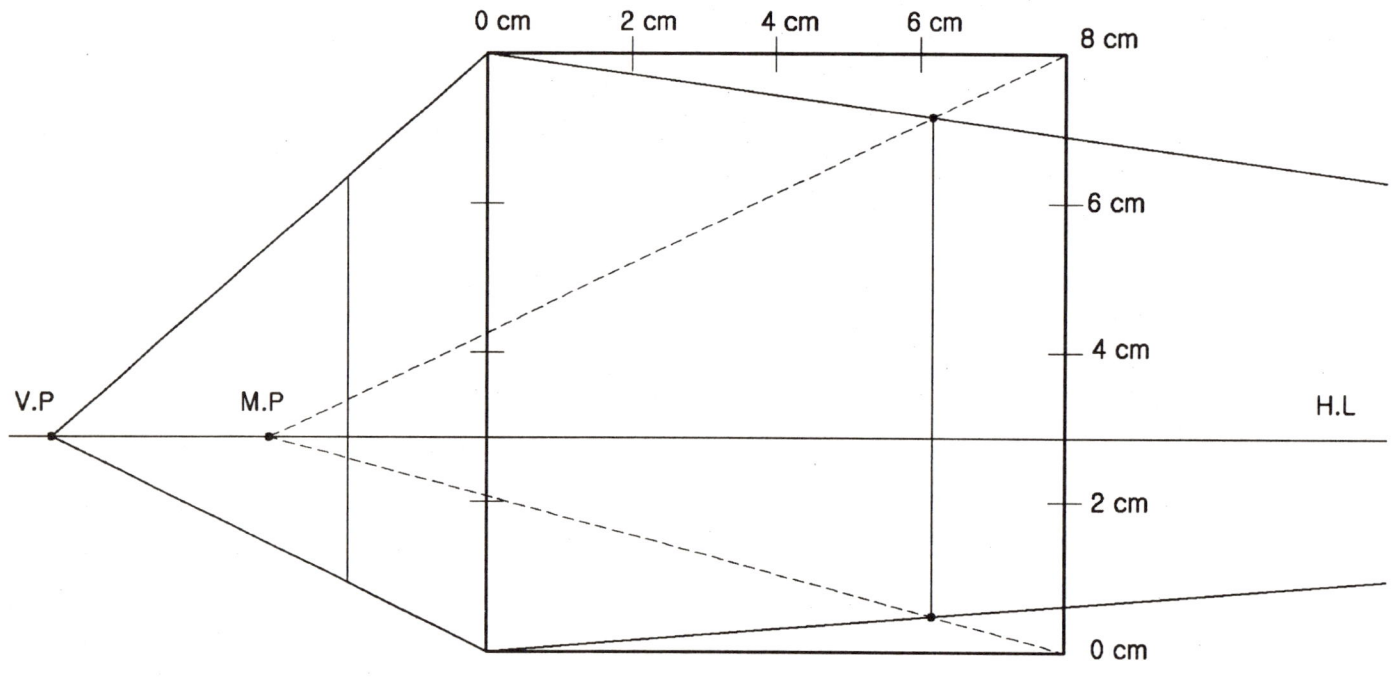

응용실습 A - 2

결정된 정육면체를 필요한 값에 맞게 MP점을 사용하여 분할과 연장을 한다.

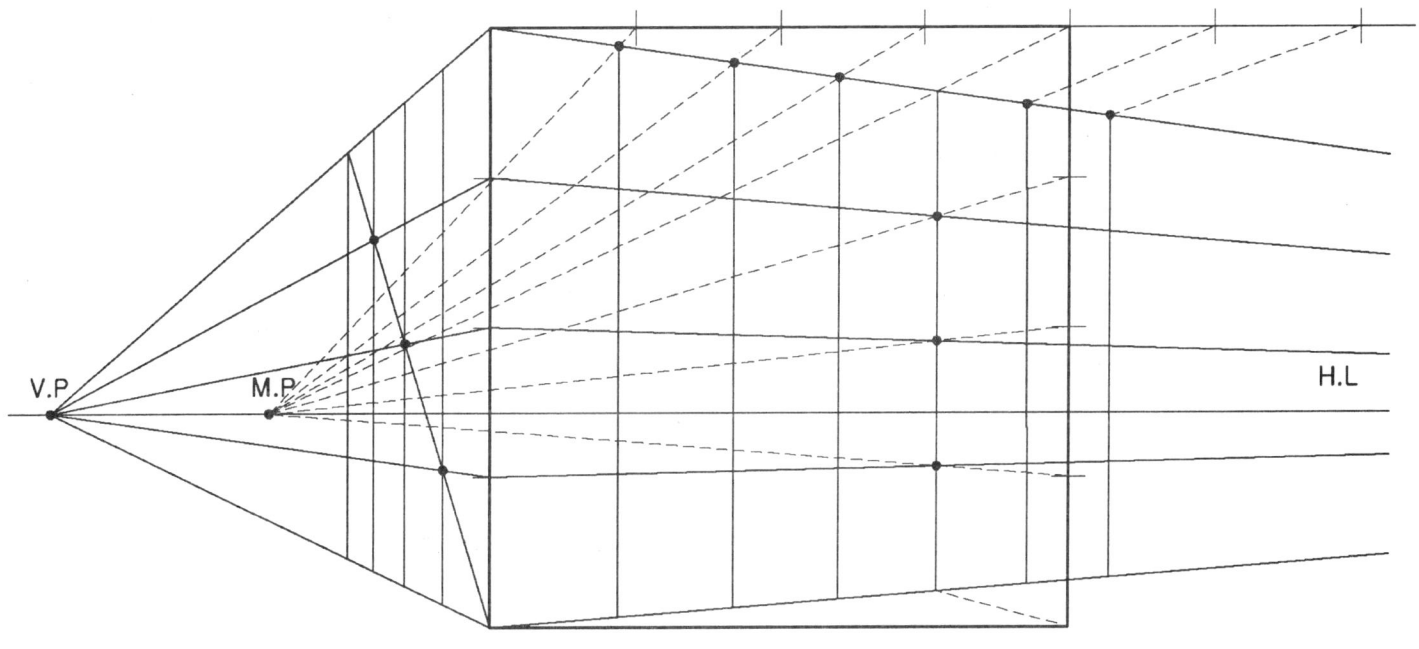

대략적인 건물의 형태를 잡는다.

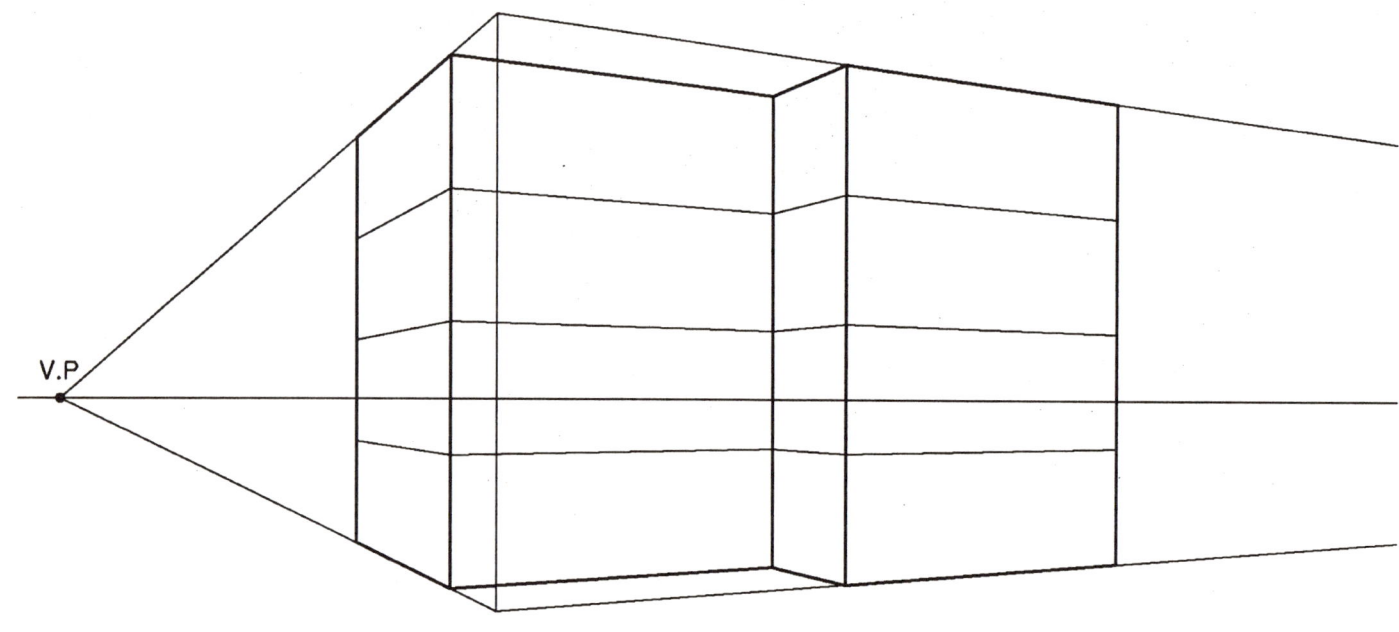

응용실습 A - 4

세부적인 건물의 형태를 잡는다.

V.P

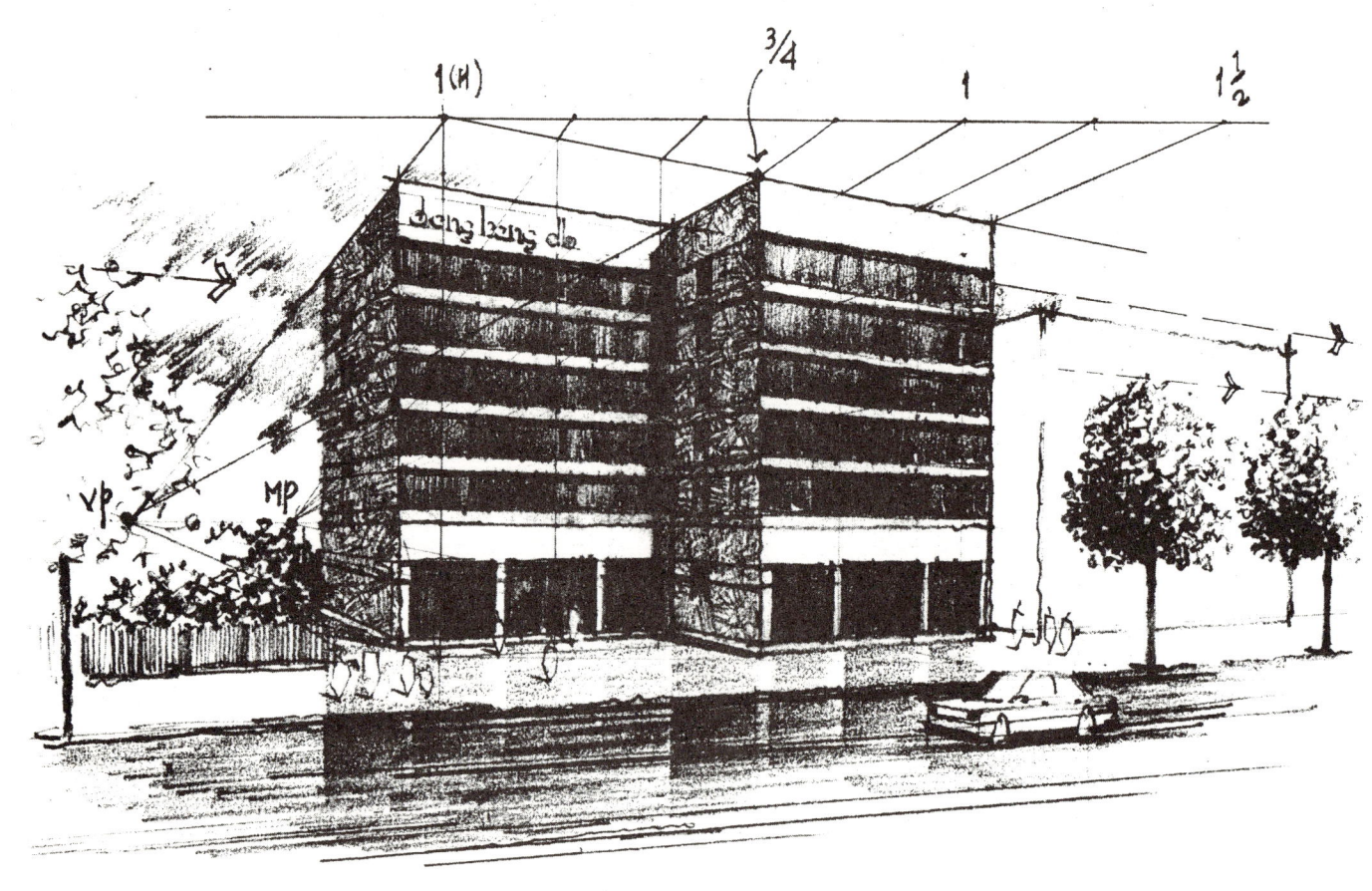

응용실습 A - 6

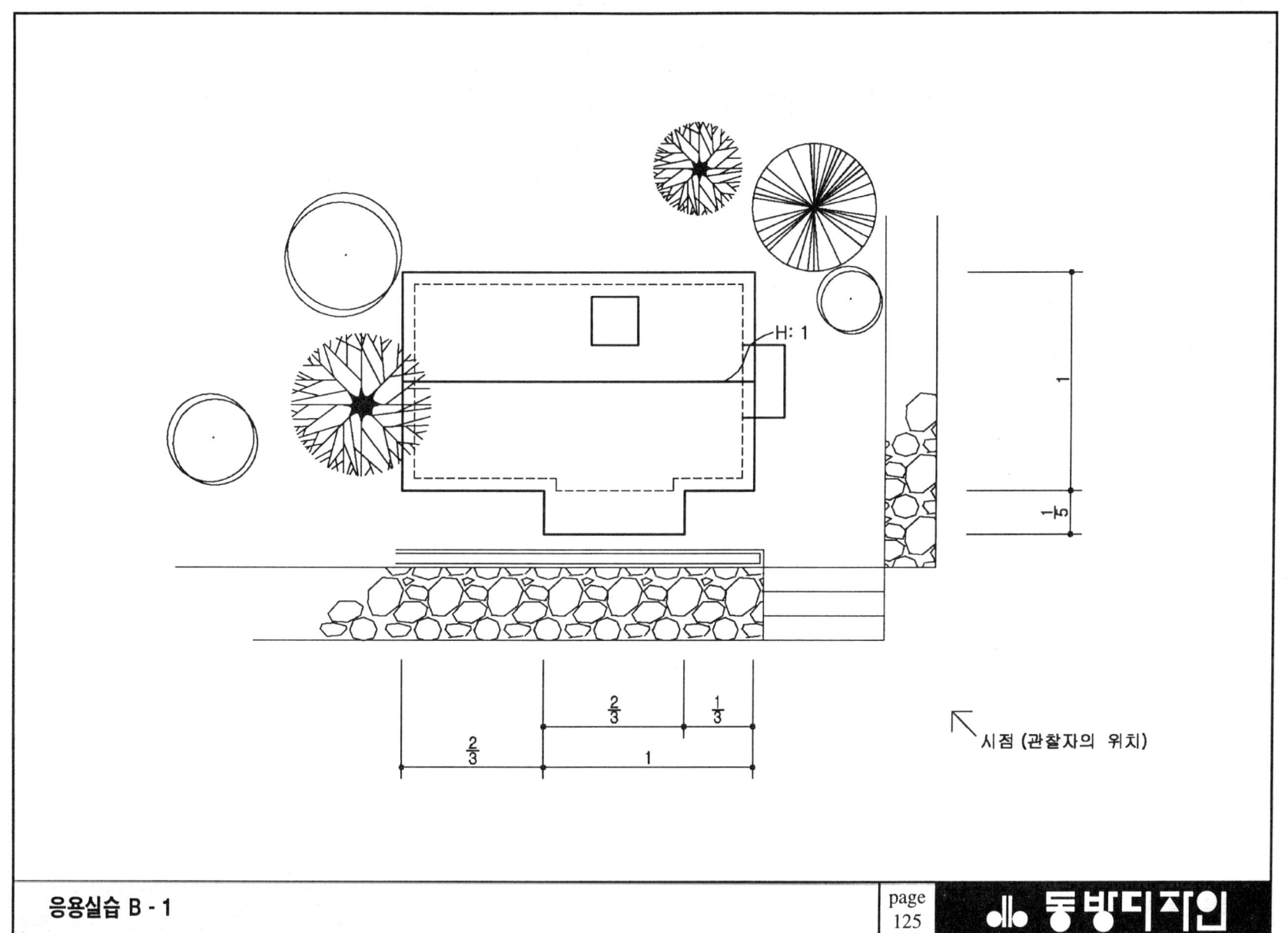

1의 단위 기준 값을 9cm로 시작하고, 정육면체 투시형을 결정한다.

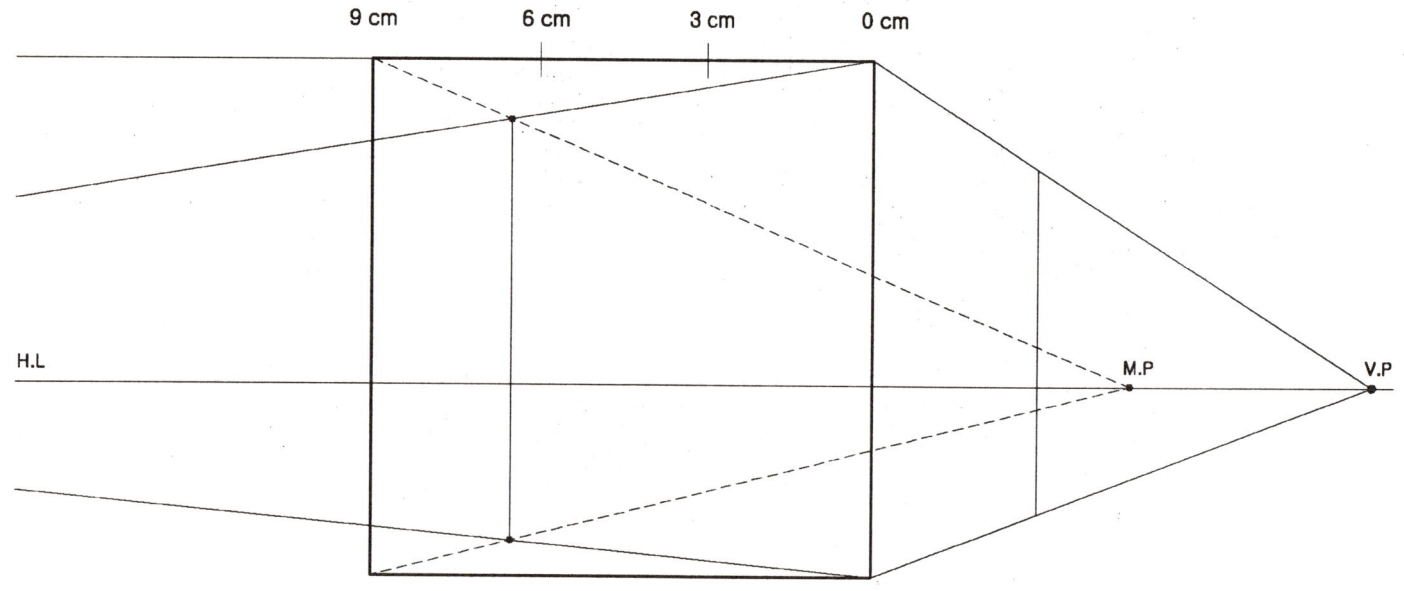

결정된 정육면체를 필요한 값에 맞게 M.P점을 사용하여 분할과 연장을 한다.

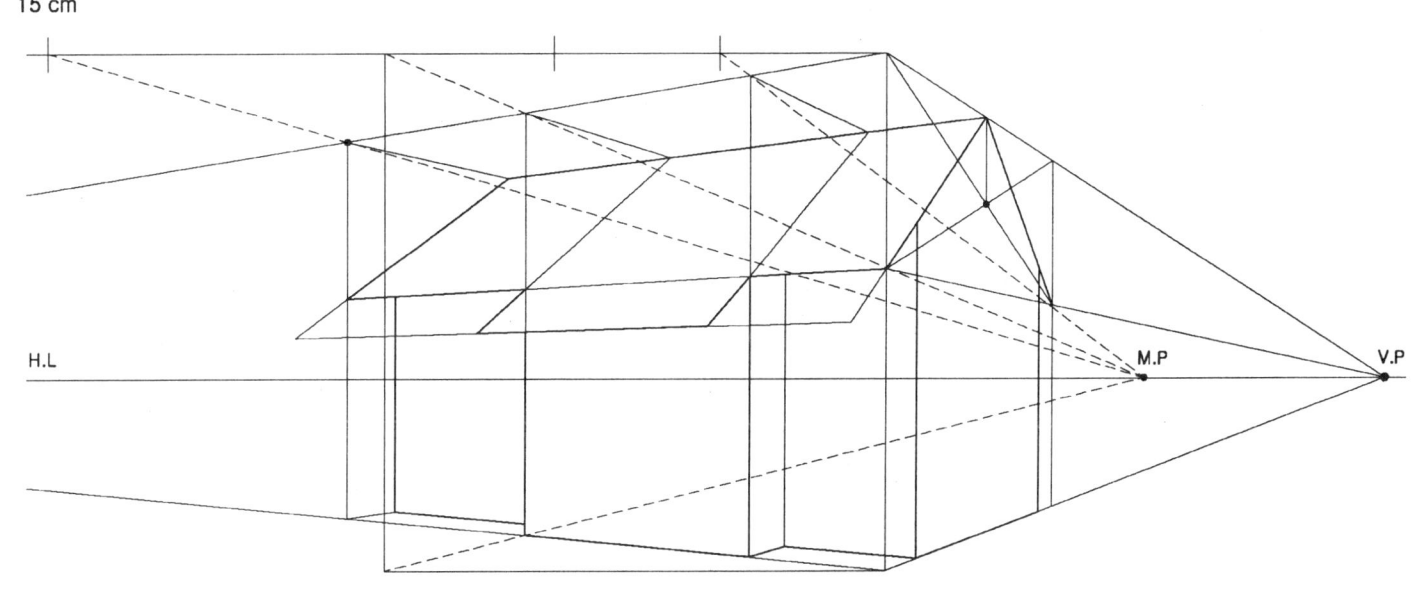

대략적인 건물의 형태를 잡는다.

세부적인 건물의 형태를 잡는다.

V.P

응용실습 B - 5

[6] 외부투시도, 조감도

주어진 조건의 도면은 주택도면이다.
도면을 숙지한 다음 외부 2소점 측점법을 이용하여 투시도와 조감도를 작도하시오

■ 설계개요
- 대지면적 : 122㎡
- 지역, 지구 : 일반주거지역
- 건축 면적 : 72.29㎡
- 연면적 : 138.50㎡
- 건물 규모 : 지상 2층
- 건폐율 : 59.0%
- 용적율 : 114.0%

외부투시도, 조감도

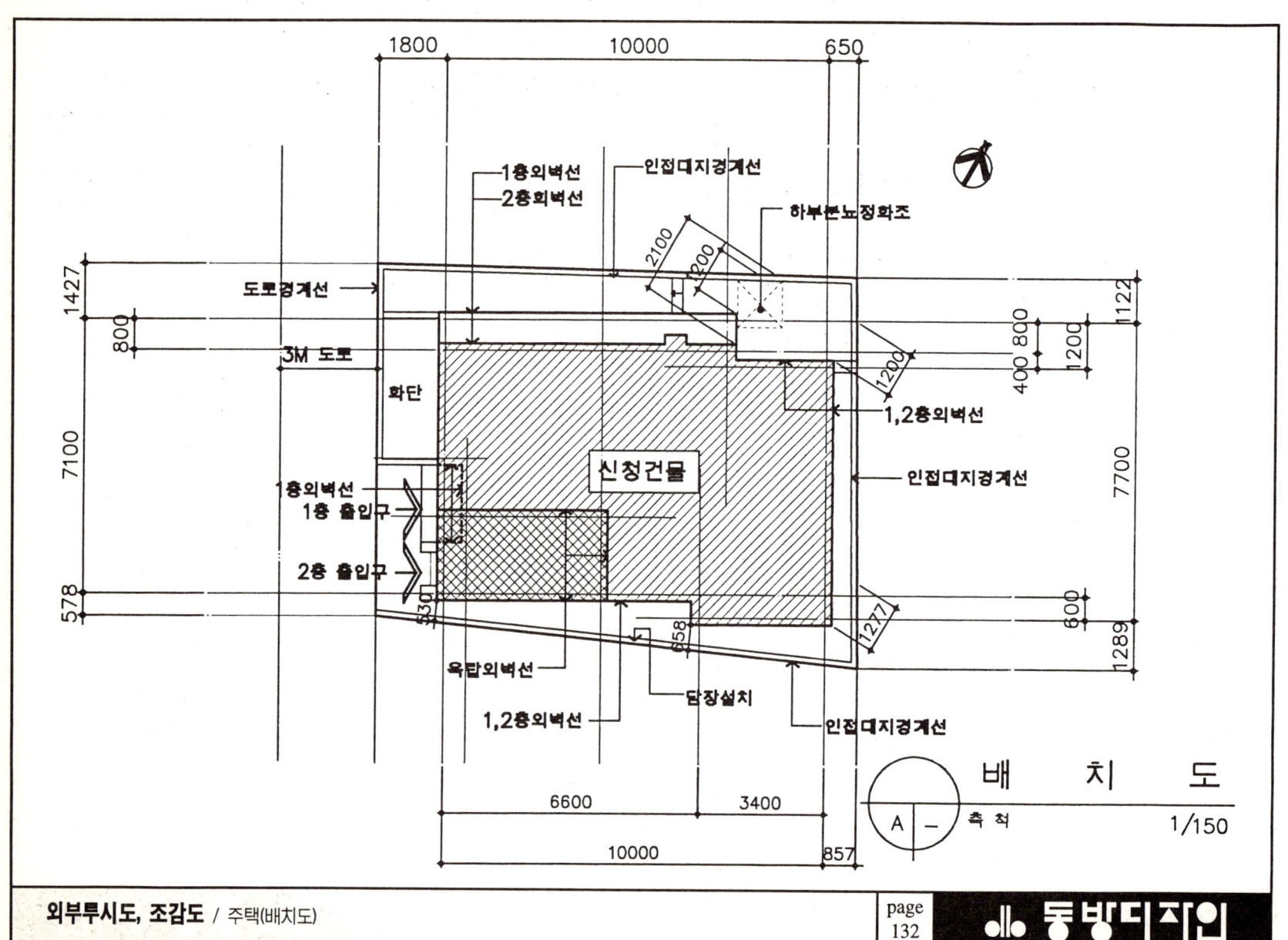

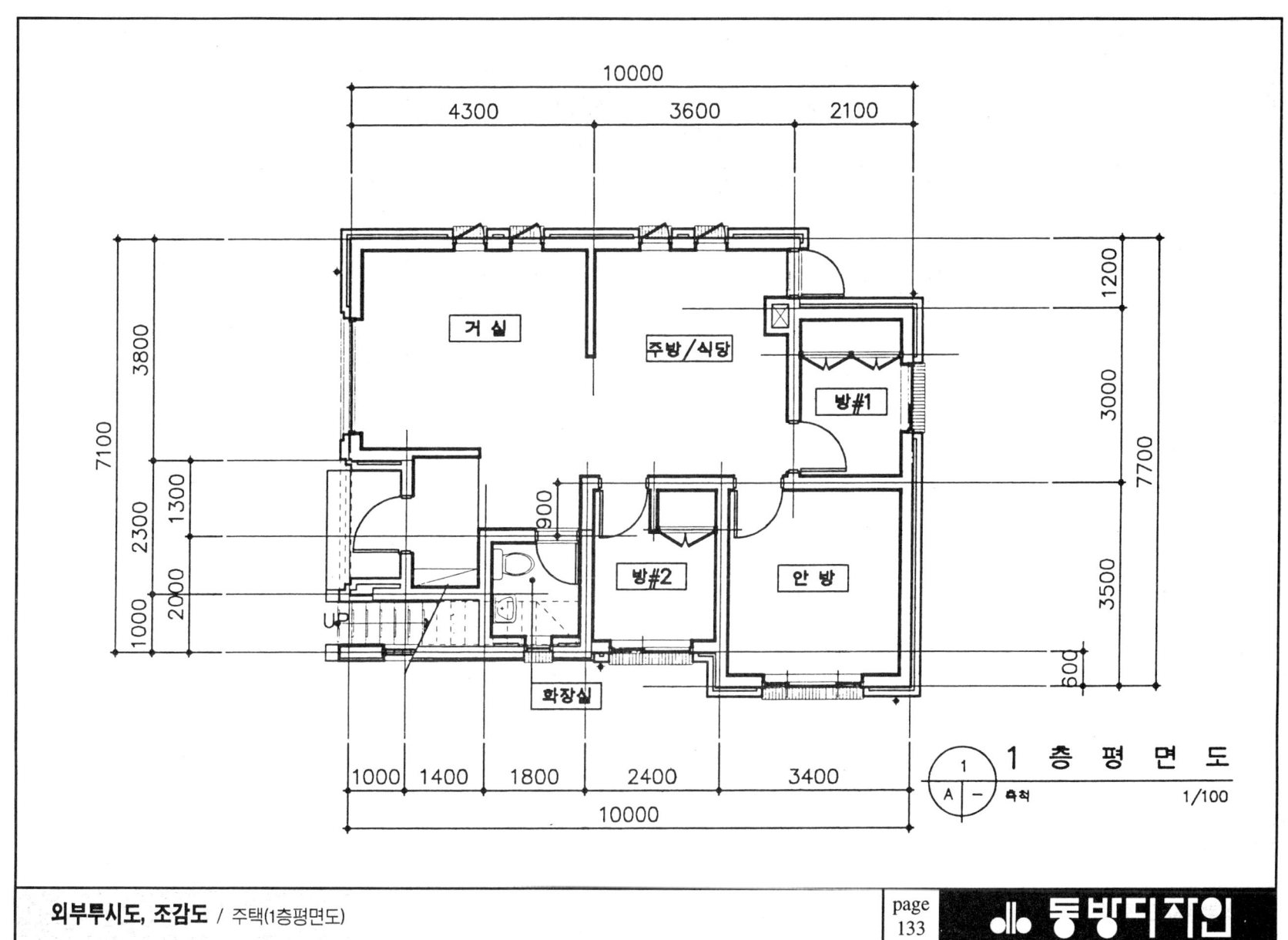

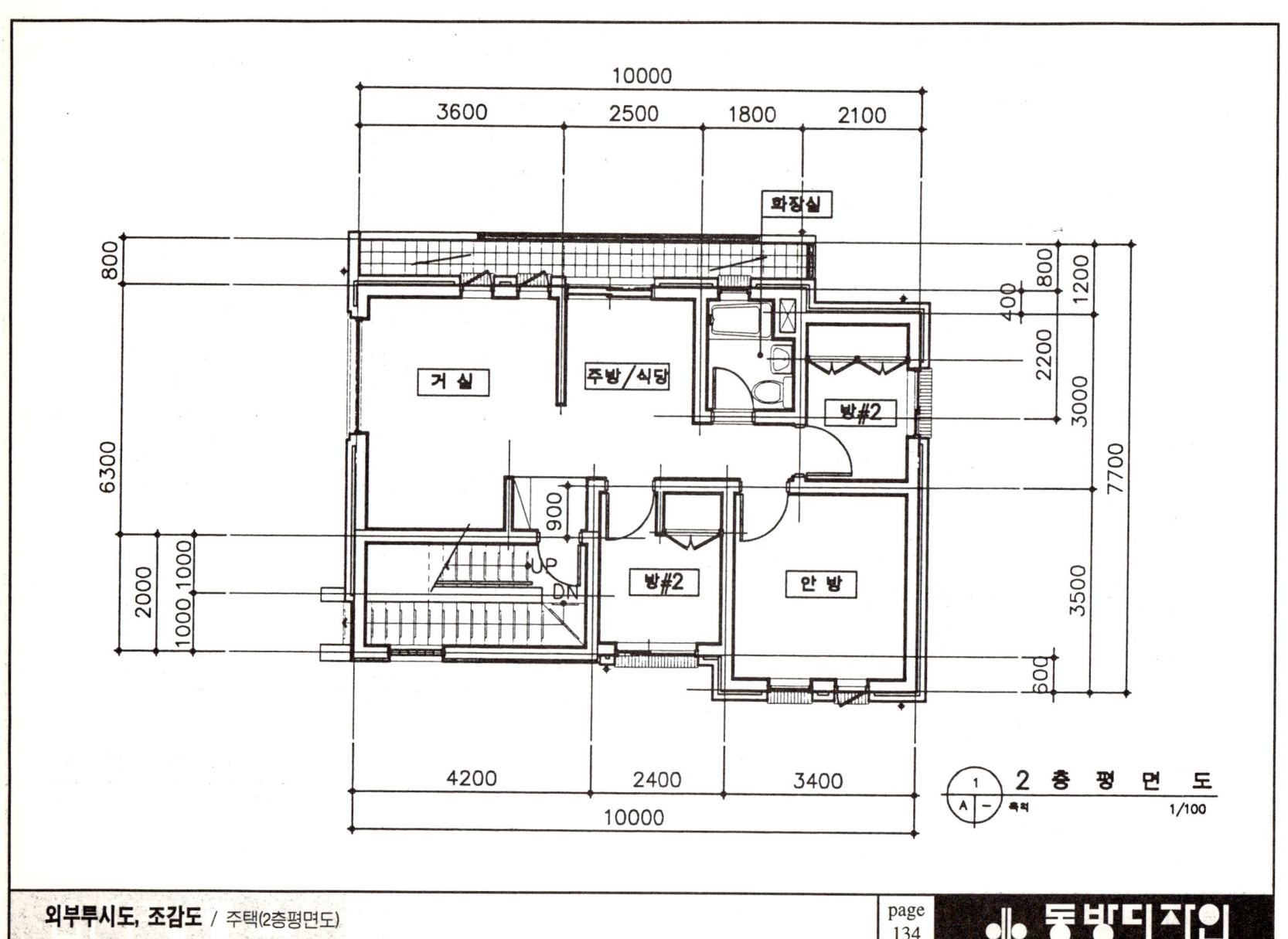

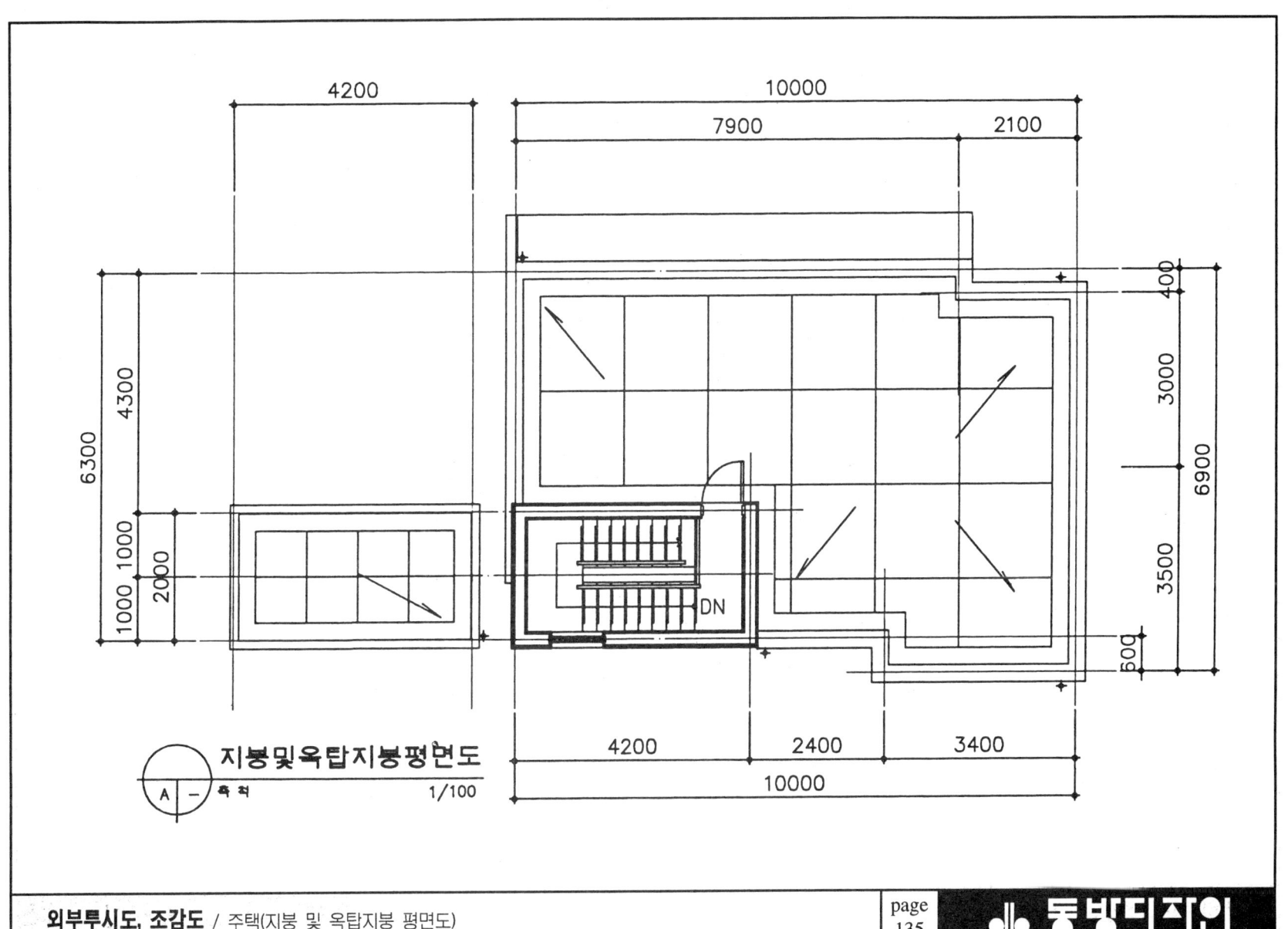

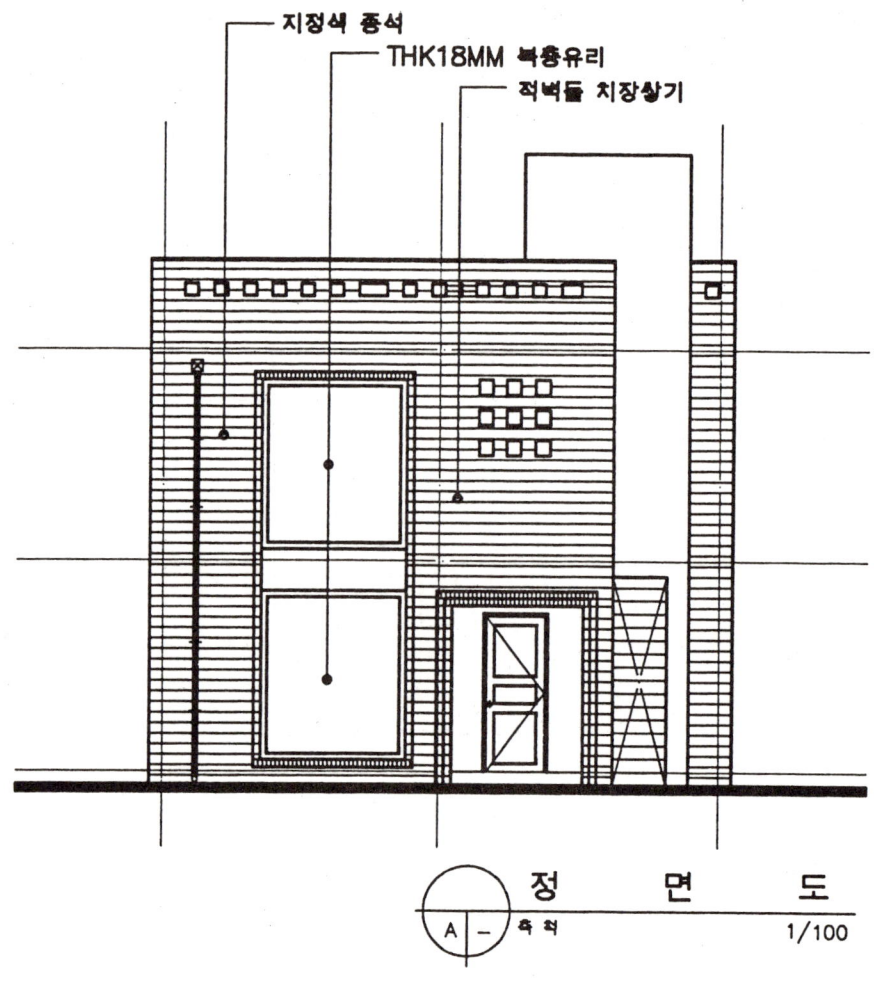

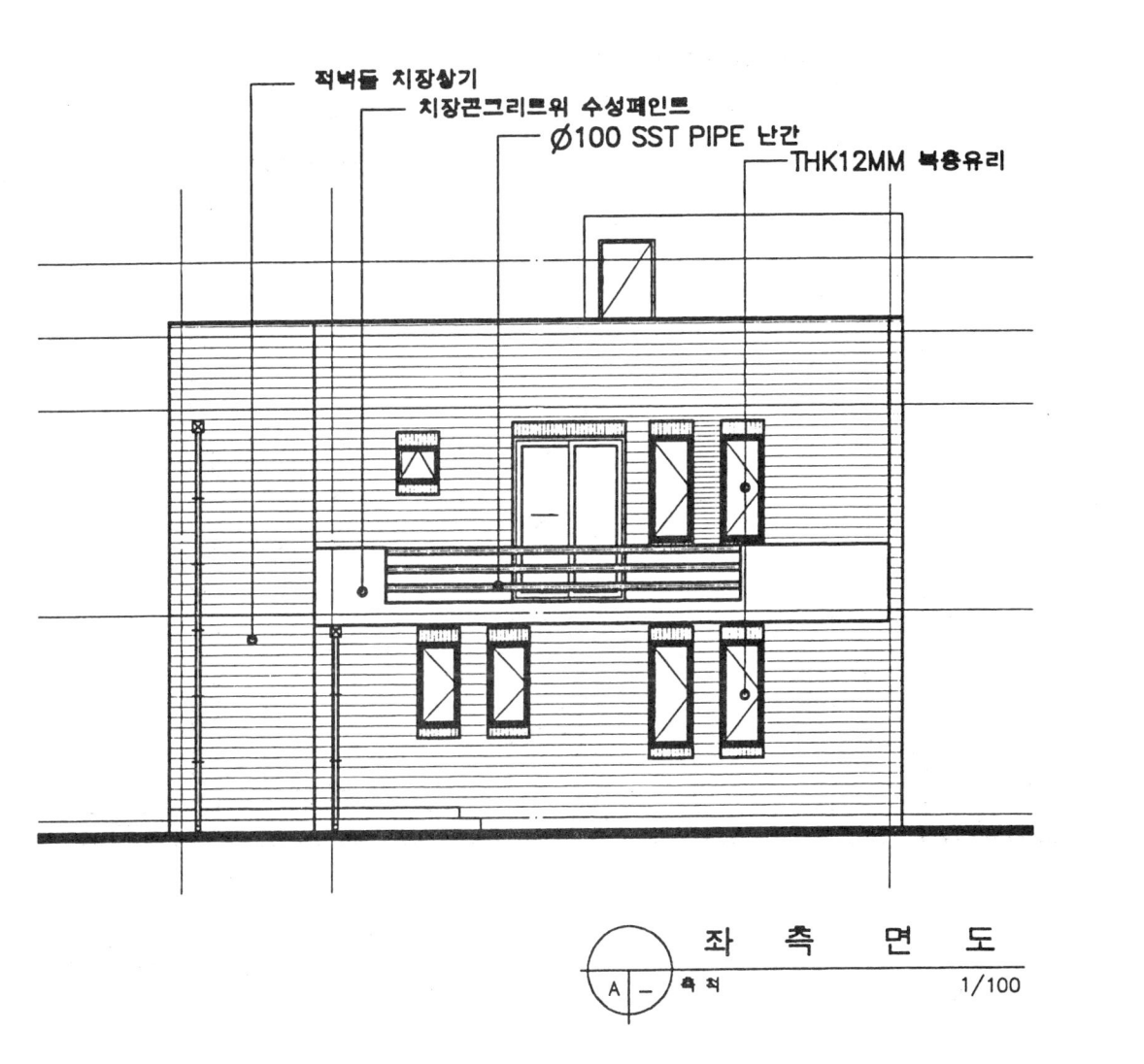

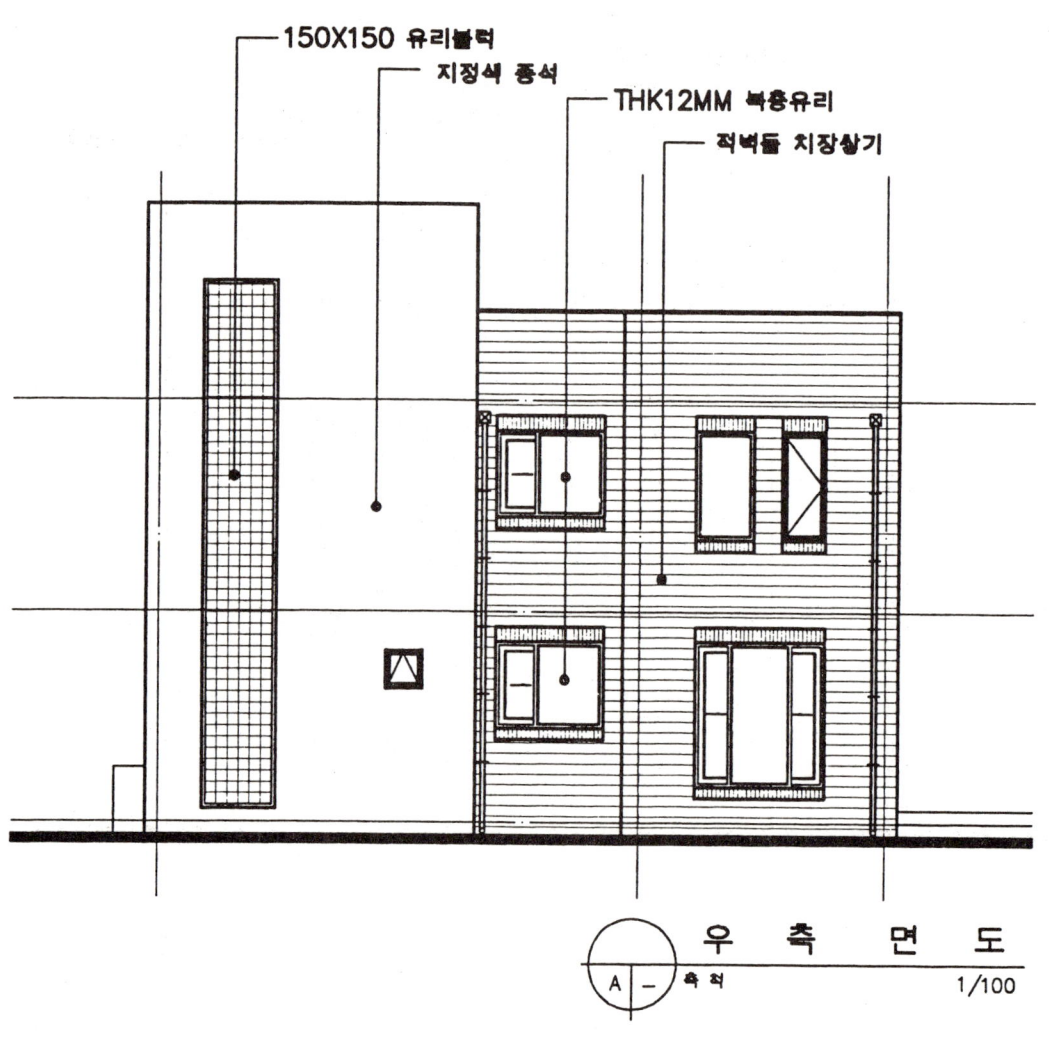

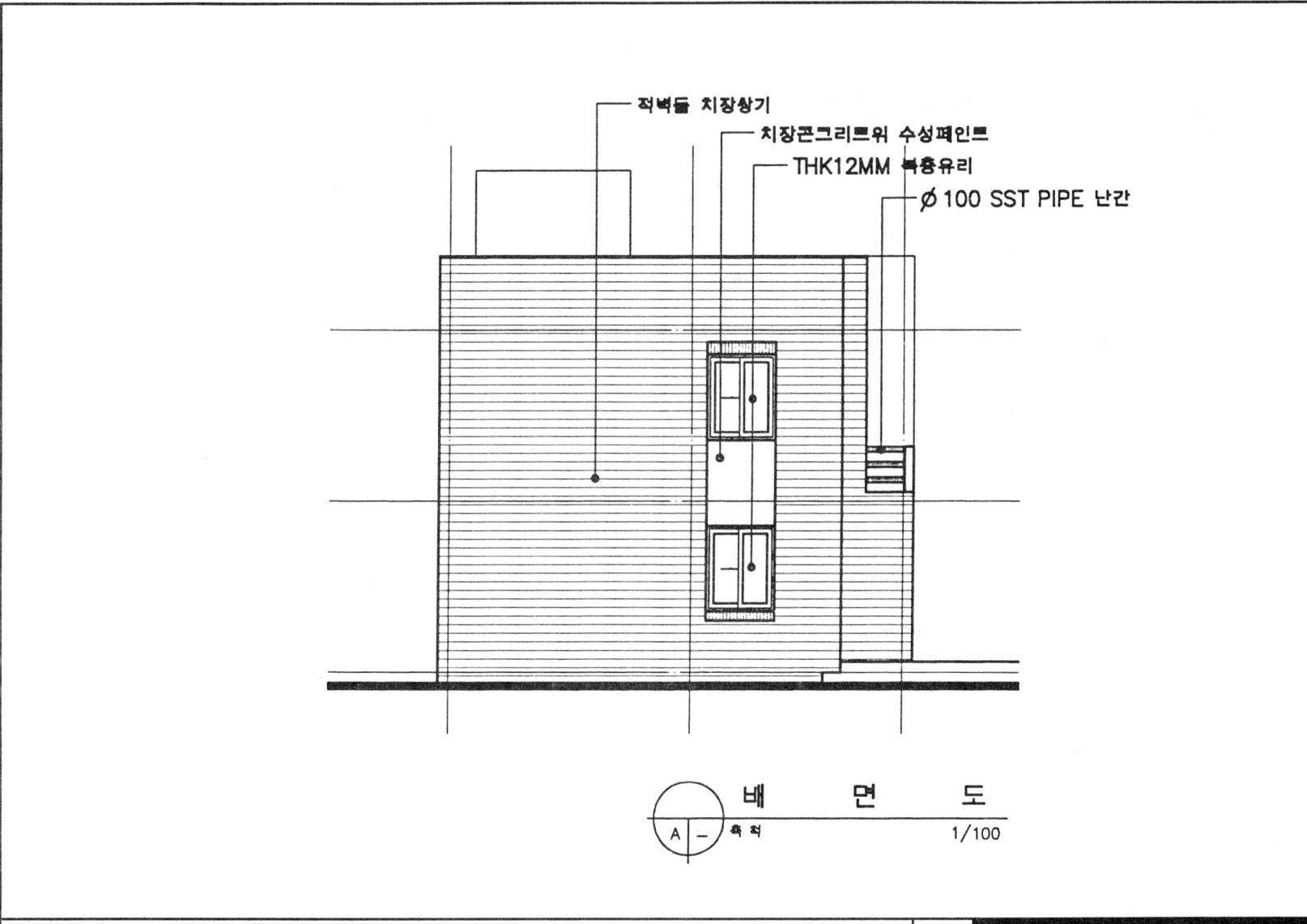

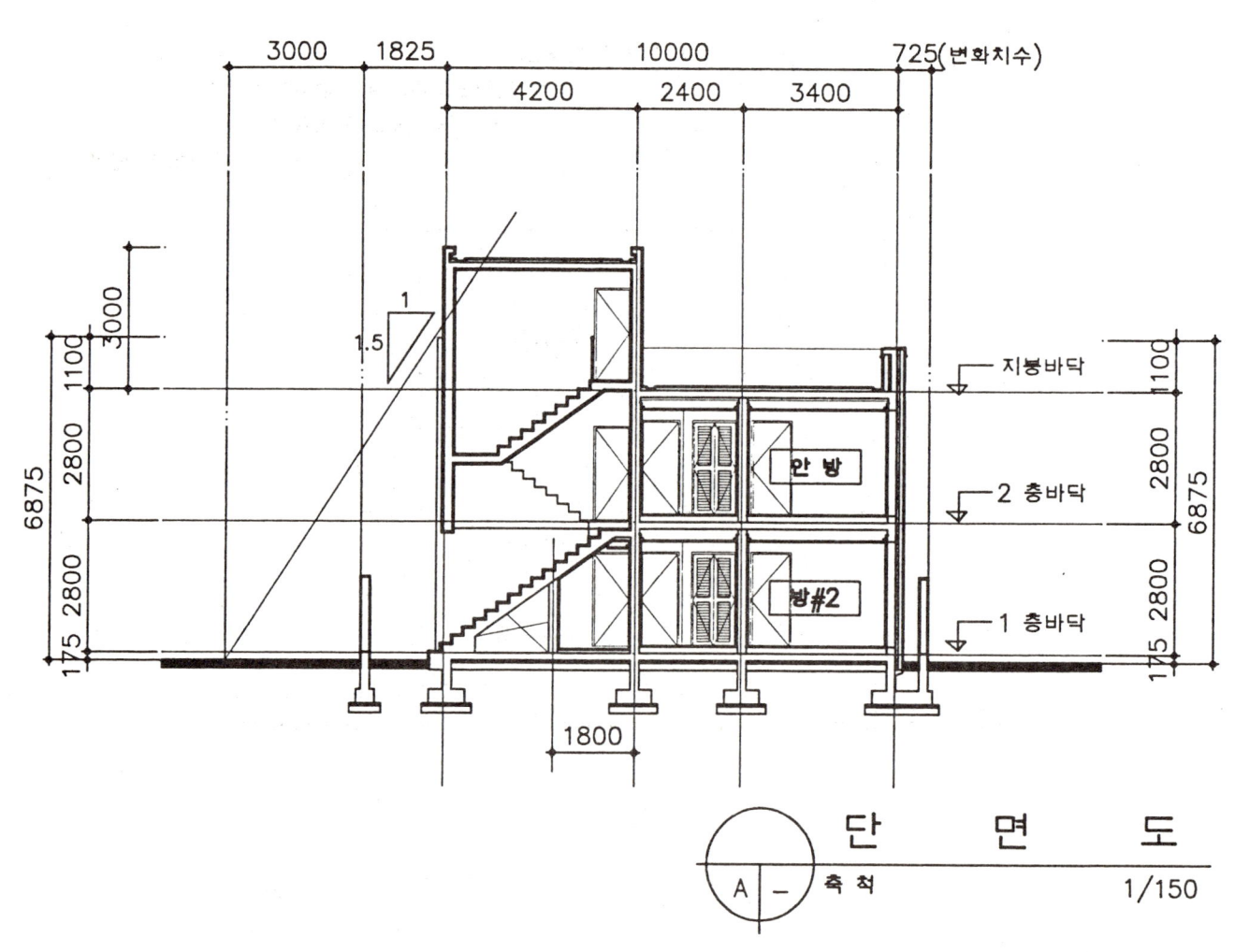

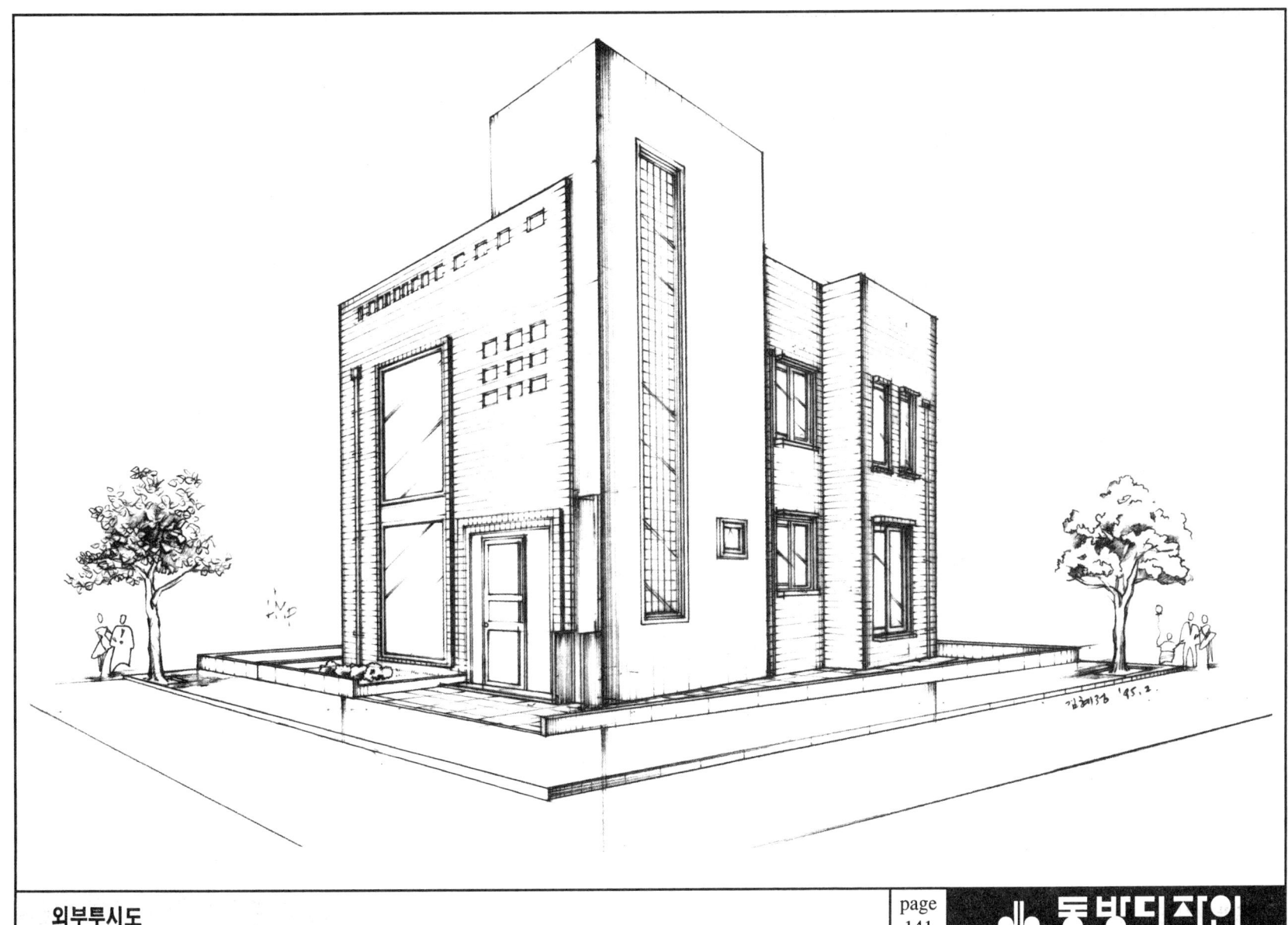

외부투시도

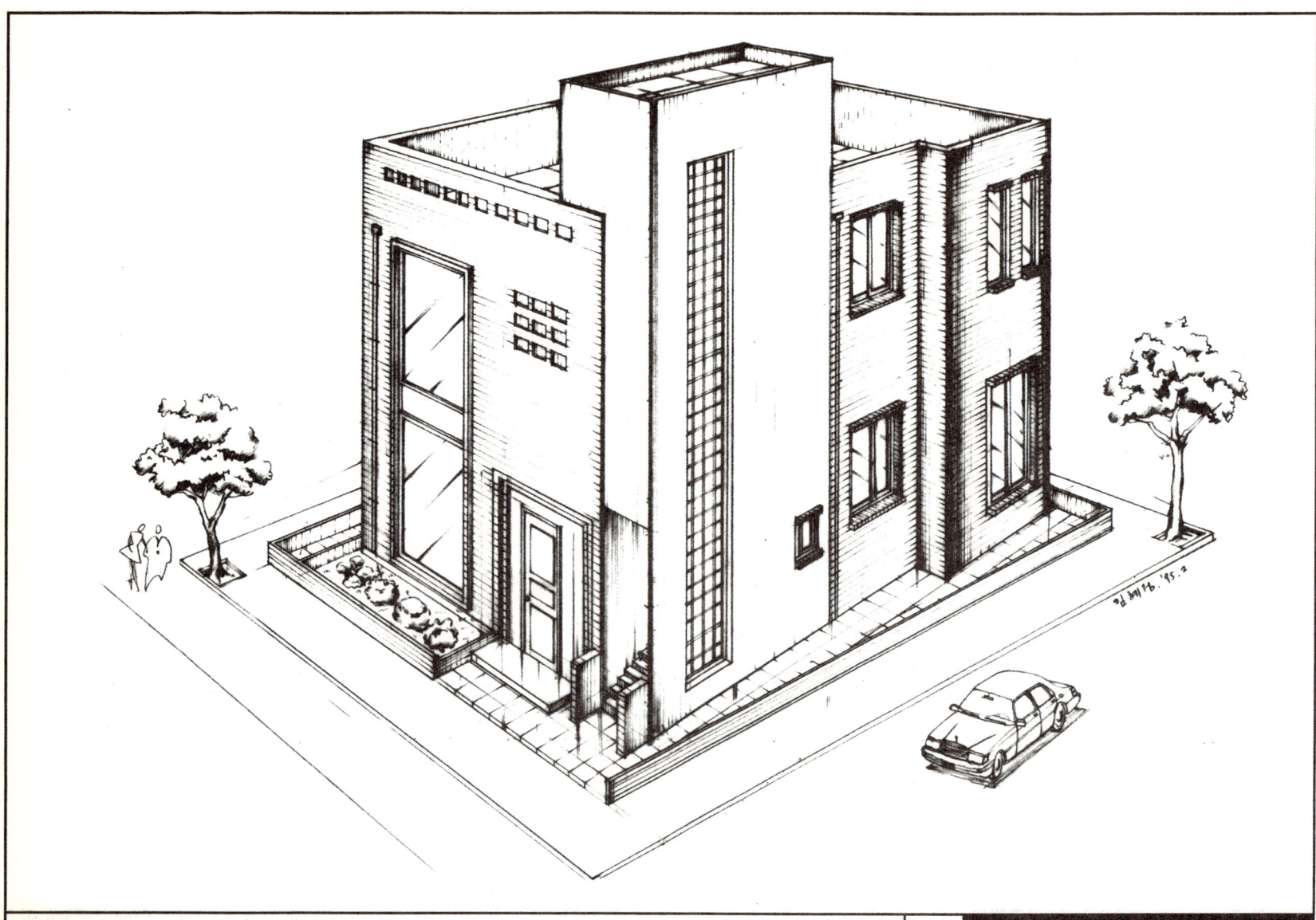

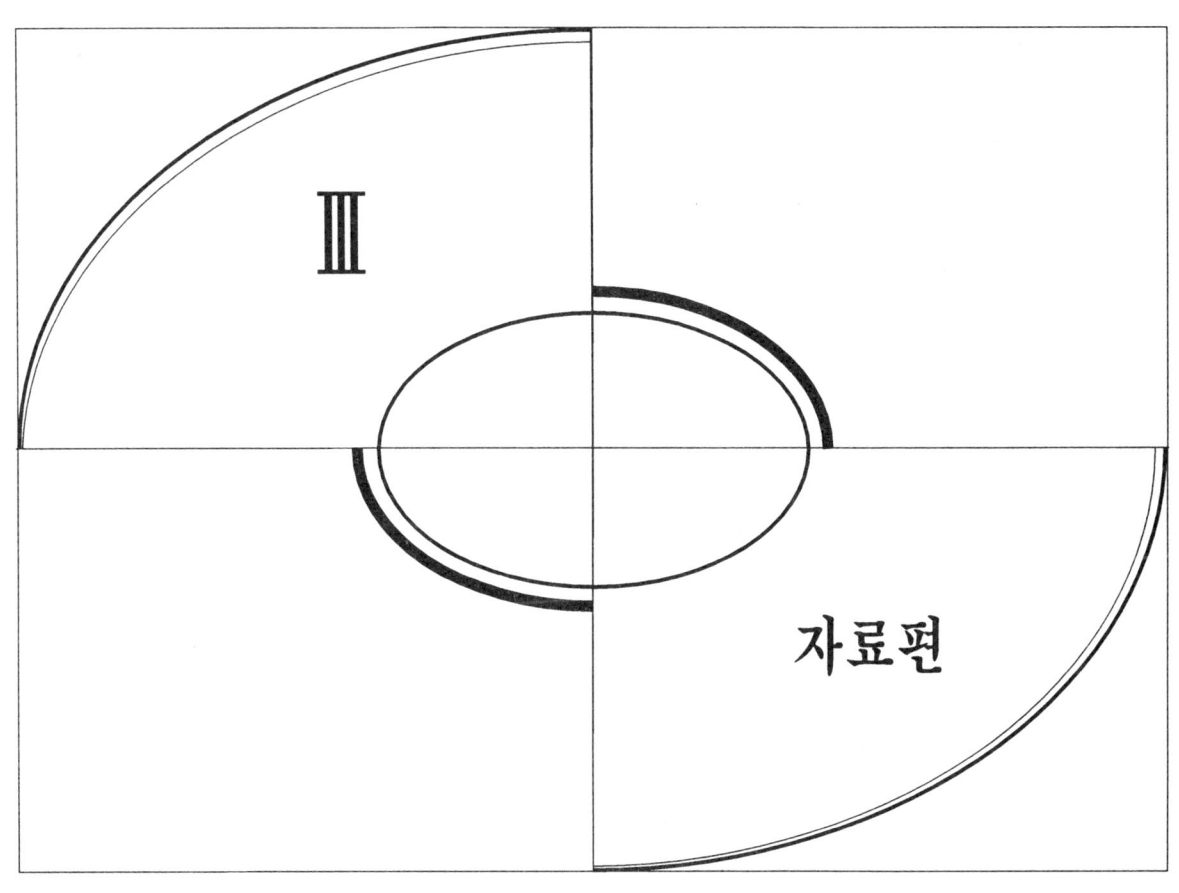

프리핸드 투시도

프리핸드 투시도

대학건축 투시도법

인쇄 · 2002년 9월 1일
발행 · 2002년 9월 5일 초판 2쇄
●
저자 · 동방디자인 교재개발원
발행인 · 金耕浩
발행처 · 도서출판 동방디자인
등록 · 제13-265호
서울시 영등포구 영등포동1가 113-1 신광빌딩
편집부(02)675-8880, FAX(02)2631-2199
http://www.dbad.co.kr

정가 12,000원

본 도서의 독창적인 내용에 대하여 다른 출판물에 인용을 절대 금합니다.